ホンダN360
クルマが楽しかったあの頃

扉写真：イギリス・ホンダのカタログより

はじめに

〝若者のクルマ離れ〟。自動車に関わる人たちが集まる場に限らず、社会のいたるところでこの言葉を聞く。クルマが売れないという話になると、責任のある人も、傍観者も、だれも必ずこの言葉を使い、クルマが売れないことの最大の原因であるような結論に導く。

私には、時としてその言葉が、どこかに責任を転嫁する〝常套句〟に思えて鬱陶しくなることがある。まるで若者だけにクルマが売れないことの原因を押しつけているかのようだ。〝若者のクルマ離れ〟が、国内でクルマが売れなくなった理由のすべてではないことは誰でも承知しているのに、それ以外に一言で表現できる理由が見つからないので、その言葉だけが声高になる。

日本国内の新車販売台数が低下の一途を辿り、円高に悩む自動車産業の国内空洞化が深刻な問題になるなど、現在の自動車を取り巻く環境は厳しく、クルマが売れなくなったこと自体が経済不況の元凶のひとつであるのは明らかだから、それは大いに憂慮する問題には違いない。

日本中の英知が集まって頭を悩ませても、販売の低迷に対する決定的な妙案が浮かばないのだから、この私に妙案が浮かぶわけはない。「なにかないものだろうか」、「それを考えるヒントはどこにあるのだろうか」と考えを巡らしているときに記した私的なメモがこの本の骨格になっている。私（たち）が夢中になってクルマを追い回していた時期のことを、よく思い出し、検証してみることから始めたのである。

ベテランの方なら、日本の自動車史のなかで、若い人たちがクルマの普及に大きく貢献した時代があったことを記憶されていることだろう。日本中にマイカーブームが訪れ、沸き立つような熱気に包まれて、若い人たちはクルマに駆け寄った。みな嬉々としてクルマを眺め、運転していたその光景を覚えておられるだろう。もしかすると、読者自身がその中心におられたかも知れない。

それは１９６０年代の中頃から後半のことである。当時、多くの若者が、自分のクルマを持つことを近未来の現実的な夢や目標としていた。現代の若者が〝クルマ離れ〟をしているのなら、その頃は、〝クルマに近づきたくて仕方がなかった〟時代だ。自動車好きの少年であった私は、そうした光景を羨望のまなざしで見、一刻も早く自分がその輪のなかに入りたいと思っていたから、今でも記憶を呼び戻すことは容易い。

「自分のクルマを持つこと」、「クルマと過ごす生活」が当時の日本人にとって憧れの対象、近未来の目標であったとき、その流れのなかで大人だけでなく、若い人たちが念願のクルマを手にしたことによって、ひとつの自動車文化が生まれた。それは１９８９年を頂点としたバブル時代の浮き足だった熱気とはまったく異なり、早くクルマというものに乗りたい、持ちたいというピュアな熱気に根ざしたものであったと思う。

私は、こうした若い人たちとクルマの関係を密接にした1台が、１９６７年春に本田技研工業が送り出した軽乗用車、ホンダN３６０であったと考えている。それまでにも若い人たちの心を揺さぶったクルマは存在した。だが、N３６０の登場は格別であった。若い人たちがクルマを欲しいと思っていた時期に、そうした人たちの心を強く刺激したのがN３６０であった。

日本で本格的に自動車が普及したのは１９６０年代に入ってからだが、その加速する自動車普及のなかで、重要な役目を担うことになったのが、免許を取得して間もない若い人たちであった。

本書ではＮ３６０が生まれた時代と、Ｎ３６０を手にしたことで若い人たちが創造した自動車文化を振り返りながら、自動車と人の関わり合いを考えたいと思っている。

欧米の自動車先進国の後を追いながら、やがて製品ではそれらを追い越し、生産と販売で世界第一位の座に昇りつめた日本のクルマを、ひとつの文化的側面から見てみようという考えだ。

自動車先進国の欧米が長い時間をかけて自動車文化を構築していったのに対して、急加速して始まった日本での自動車文化は、世界の潮流とは異なった独自の進化を遂げていったといえる。こうした若者がつくった日本独自の自動車文化の足跡を未来に繋げ、今後の糧にするために本書が僅かな一助になればいいと、不遜にも考えている。

目次

第1章　いまあらためてNに乗ってみる

ホンダの新世代Nシリーズ

２０１２年の国内新車販売台数でホンダがトヨタに次ぐ2位に浮上した。軽自動車のＮ ＢＯＸがよく売れ、これに11月に発売したＮ－ＯＮＥも好調に伸びたことから、この結果になったのだという。

国内新車販売台数の車種別トップ10を見ても、各メーカーの軽自動車がずらっと並び、そこにハイブリッド車が普通車を絶やしてはならないと、楔のように打ち込まれているという状況だ。マスコミが報じているのを裏付けるように、都市部に近い町の中でも軽自動車が目につくようになった。軽自動車をラインナンップに持たぬメーカーはＯＥＭによって、そこに居場所を確保しようとしている。

一時、軽自動車にはそれほど力を入れていなかったように見えたホンダは、一転してこの好調な市場に攻勢をかけることになり、新しく投入した軽自動車のラインナップには〝Ｎ〟の名が付くようになった。〝Ｎ〟とは、のりもの（ｎｏｒｉｍｏｎｏ）の〝Ｎ〟だそうで、言うまでもなく１９６６年にデビューしたＮ３６０に因んだものだ。

第一弾のＮ ＢＯＸは軽自動車のトレンドであるトールボックス型で、続くＮ ＢＯＸ＋（プラス）はそれをベースとした多用途車であり、ライフ・ステップバンのような商用車然としたトールボックスを足に乗り回すという遊び心を思い出

ＮＢＯＸ。２０１１年12月に発売されたホンダの新世代軽自動車の第一弾。（本田技研工業）

した。軽自動車のワンボックスは趣味の道具運びにも重宝すると思ったが、それ以上にＮ ＢＯＸ＋は生活感を背負い込まない洒落たムーバーと捉えたユーザーが多いように見える。

３作目となったのが、２ボックスハッチバックのＮ－ＯＮＥで、そのフロント回りには確かにＮ３６０のモチーフが見える。しかし無理にそのイメージを貼り付けたような、玩具っぽいレトロ風でないことに安堵した。軽自動車には若い女性ユーザーが多く、また日常に乗ることから、購入に際して女性の発言権が強い。女性を意識するあまり、大人の男が乗るには気恥ずかしいような〝可愛い〟モデルも少なくないが、ホンダの新しいＮシリーズはそうでなく、また反対に強面でもないことに好感がもてる。

新Ｎシリーズは大いに健闘し、11月に発売されたＮ－ＯＮＥも好評のようだ。これを書いている時点では発売直後で、町で見る機会はまだ限られているが、受注台数を見る限り、すぐに頻繁に見ることになろう。

発売から間もない時期のある日曜日の午後、ホンダの東京・青山本社１階のウエルカムプラザ前にしばらく佇んで、ショールームを訪れた人々の反応を見てみることにした。その日はどうしたことか、年を召された方が多く、「これが新しい〝Ｎ〟なんだな」などと、にこやかな表情でＮ３６０の名を口にする姿が目に付いた。中には、若いころ実際にＮ３６０に乗っていたという初老の紳士もおられ、「立派になった軽のＮに（普通車から）乗り換えてもいいかな」と言われた。

２０１２年７月に発売したＮシリーズの第二弾、Ｎ ＢＯＸ+。車椅子や大きな荷物の積み込みを容易にした。（本田技研工業）

ご夫婦でシートを試している様子を見ていると、きっともう購入することは決めているのだとも思えた。

最近では自動車業界も省資源のためにクルマを小型化しようとするダウンサイジングが積極的な流れとなっている。またユーザーも普通車から軽自動車への乗り換えがめずらしいことではなくなっている。そうした積極的な小型選択を望むユーザーのなかでも、団塊の世代にとっては、質感の高さとか、過去に親しんだメーカーやモデル名などは、なんとなく躊躇していた〝軽自動車生活〟へ向けて、背を押す重要な要素になるかもしれない。

かつて1959年にイギリスで誕生したBMCミニは、つつましい経済車であったが、英国に根ざした階層を超えて広く人々に愛され、小さな経済車に乗ることが我慢ではないことを広めた。これからの軽自動車もそうあって欲しいし、また各メーカーもそうしたことは先刻承知だろうから、軽自動車ゆえの我慢を強いない〝軽らしくない〟軽自動車が続々と登場するだろう。そのひとつの流れといえるのが、ホンダの新しいNシリーズだと思う。

本書を記すために、新型N－ONEの、真っ赤なボディに黒いルーフを組み合わせた〝ツアラー〟というモデルに試乗してみた。サスペンションを固めてスタビライザーを備え、14インチタイヤを履

Nシリーズの第三弾となったN ONEの発表会は、2012年11月1日に東京・六本木ヒルズアリーナで開催された。会場にはN360も並んでいた。

N
ONE

き、６６０ccエンジンにはターボチャージャーを備えたスポーティーな仕様である。姉妹車のＮ ＢＯＸに比べるとＮ－ＯＮＥは〝セダン〟だから多少は車高が低くなっているが、ダイハツ・ミライースなどに較べればまだ高い。市街地で使うことの多い軽自動車では、見晴らしのよい高めの着座位置は安心感があるし、スプリット・ベンチシートは使い勝手がいい。

64ＰＳのパワーは、市街地はもとより高速道路でも充分以上で、ＣＶＴとの相性もよく、法規さえ許せば、１４０㎞／ｈまで刻まれた速度計の上限を維持して走ることが可能だ。今回は高速道路を使っての遠出や市街地での足にと、様々な状況で試乗したが、正直なところ、どこの環境でも〝軽自動車に乗っていることで避けられない我慢〟は微塵も感じなかった。ペダル類の操作感にも、剛性感の欠如ゆえの頼りなさが全く感じられなかったことは、普段、軽自動車に乗ることのない私にとって高い信頼感に繋がった。強化されたサスペンションは市街地でも硬すぎず、高速道路の走行は安楽である。強いて注文をつければ、もう少し電動パワーステアリングの操舵力に手応えがあれば信頼感が増していいと思う。電動式ならユーザーの好みで操舵力を可変できるのではないかと思うのだが。

Ｎ ＢＯＸ、Ｎ ＯＮＥともホンダが得意とするセンタータンクレイアウトのプラットフォームを用いる。Ｎ ＯＮＥのサイズは、全長３３９５×全幅１４７５×全高１６１０～１６３０ミリ、ホイールベース２５２０ミリと、セダンにしては全高が高めだ。

▶N ONEには11色のボディカラーが用意され、N BOX+と同様に、ボディカラーとルーフカラーが異なる2トーンカラーの設定もある。

◀税込み価格は115万から154万7750円（2012年11月発表時）と、軽自動車としては高めの設定だが、内外装の質感は高い。

私にとっての〝N360〟体験

私は団塊の世代ではないが（その少し下の世代だ）、N360の名を聞くと少年のころの記憶が蘇ってくる。私が初めてN360を見たのは、中学の友人と行った1966年の第13回東京モーターショーの会場だった。当時は東京・晴海の国際見本市会場で開催されていたが、国鉄東海道線の東京駅から、観覧者をピストン輸送する都バスにすし詰めにされて行った（思えば荷物のような状態だった）。

いくら自動車好きとはいえ、まさか学校を休んで行くわけにはいかず、私と同級生がモーターショーに行けたのは日曜日だった。そのためか会場内は開場間もないころから大混雑で、クルマを見るというより、大人の背中と頭を見に行ったかのようだった。

混雑しているのは当然で、当時の私はそんなことは知るはずもないのだが、1966年は後に〝マイカー元年〟と呼ばれる当たり年のショーだった。この年には、日産がサニー1000で先行した大衆車市場に、トヨタが対抗馬としてカローラ1100を差し向けた。今に続くトヨタのベストセラーの第一世代である。スポーティーカーでは、3月のジュネーヴ・ショーでデビューしたいすゞ117スポーツが東京でも公開された。

そうしたなか、10代の半ばにあった私にとって最も印象が強かったのは、F

1966年に日産が投入した小型大衆車のサニー1000。このサニーの登場によって日本のモータリゼーションは大きく動いた。（日産自動車）

日産がサニー1000で先行した大衆車市場にトヨタが投入したカローラ1100は、顧客のマイカーへの欲求を研究したモデルだった。（トヨタ自動車）

1966年の第13回東京モーターショー（10月26日〜11月8日）でN360はデビューした。日産サニーとトヨタ・カローラに加えて、各社から800〜1000ccクラスの大衆乗用車が登場し、大衆車時代の幕開けとなった。また、この年以降、ホンダN360やダイハツ・フェロー、スズキ・フロンテ360などの優れたモデルが登場し、軽自動車市場が大きく拡大した。N360が並ぶステージの脇にはホンダ3ℓF1が並ぶ。（本田技研工業）

1の隣りでステージ上に置かれたアイボリーホワイトのホンダN360と、まるで〝ガイシャ〟そのものの、いすゞ117であった。自動車好きの少年にとっては、モーターショーとは、まさにカタログ収集の場に他ならなかったから、117はもちろん、気に入ったN360のものは配布の列に何度も並んで2部も3部も戴いた。

中学生の私がなぜN360を気に入ったのかは、正直なところ今ではよく思い出すことができない。たぶんショー会場でN360に熱狂し、リーフレットを握りしめる大人たちの熱気が伝播したのかも

1966年モーターショーで配布されたN360のリーフレット。家族の視線の先には〝マイカー〟によって始まる新しい世界が広がっていたのだろうか。（本田技研工業）

しれない。軽自動車であるにもかかわらず31馬力という高性能ぶりと、その〝ミニ・クーパー〟のようなスタイルに惹かれたことだけは覚えている。もちろん自転車しか運転したことのない中学生が〝馬力〟のなんたるかを知る由もないが、身近にあったスバル360の馬力より数字が大きかったので、エライような気がしたし、近所に棲むジムカーナ仕様のクーパーSに感化されていたこともあったと思う。

これに加えて、大人になったら買えそうだ、運転してみたい、との現実感もあった。かように中学生の子供でもN360の登場は衝撃的であったから、ステージに熱い視線を向けていた大人にとってはさらに現実味を帯びた衝撃であったことだろう。

興奮冷めやらぬまま帰宅し、隣に住むスバル360信奉者の親類にN360のカタログを見せ、「とっても格好がいいクルマで、前にエンジンがあって、前のタイヤが動く」と何度も話したことはおぼろげながら覚えている。私は前輪駆動という機構をそれまで知らなかったし、この時に存在を知っていたとしても、それにどういう効果があるかはわからなかったのだが。

だが、免許証を取得してからずっとスバル360一筋で歩んでいた叔母の反応はつれないもので、「そんな馬力もいらないし、オートバイの会社が造ったクルマはねぇ」との消極的な発言に、少年の私が「身近にN360を置きたい」と抱いた夢は無残にも砕けた。

発表を前にして配布したN360のカタログより。まだ価格は発表されていない。（本田技研工業）

もっとも、当時の大方の軽自動車ユーザーのN360に対する〝オートバイ会社のクルマ〟という反応はめずらしいものではなかった。

だが、N360を町で見る機会は確実に増えていき、我が家の近所にも初めてのマイカーとしてN360が何台かやってきたし、路上駐車していた赤いN360を仲間と見に行ったりもした。近所の人が軽自動車を買ったと聞いては見にいっていた自分がちょっと滑稽ではあるが、当時はそれほど気になっていたのだ。

だが、私は16歳で軽免許を取ることができなかった。制度の改正で取得可能年齢が変わったためで、その年で取得できたのは二輪免許だった。もう少し、4年ほど早く生まれていたら、是が非でも軽免許を取得していたことだろうと思う。免許を取ったとしても、現実には我が家にはクルマを買うほどの余裕はなかったし、父も免許証を持っていなかったから、自家用車など遠い話だった。だが、たとえ自宅にクルマがなくても、免許を取るだけで、機械を操ってどこへでも自由に行くことができるという無限の可能性が開けるように思えた。

私が通っていた中学高校は、中小の企業経営者や商店主の子弟などが多かったので、高校の先輩の中でも何人かがN360やスバル360に乗り始めた。私はクルマ好きのくせに、そうした動きに疎かったのだが、あるときその事実を知りひどく大きな衝撃を受けたことをよく覚えている。ちょっと大げさに言えば、現代なら学生の分際で小型飛行機でも買ってもらったのかのような驚きだった。

N360の海外向けカタログ。(本田技研工業)

45年を経たあこがれとの邂逅

Ｎ３６０が現役であったころ、あれほど売れたＮであったにもかかわらず、なかなか自分には運転する機会が訪れることはなかった。大学に進んだとき、Ｎではなく、その派生形であったクーペモデル、〝Ｚ〟（空冷）に乗る友人ができたことで、私にとって彼のＺは最も身近なクルマとなった。彼はときどき大学に乗ってくることがあり、それを察知した私たちクルマ好きの仲間は、講義が終わったあと、仲間と湘南や、時に富士スピードウェイにまで足を伸ばして大きなレースの練習走行を見に行ったことがある。

私はこの〝Ｚ〟体験がきっかけになってホンダファンになり、後に我が家のファミリーカーは、私が強く推薦したことで初代シビックになった。

以来、ホンダ車に接していながらも、ずっとＮ３６０とは縁遠いままであった。ところが、つい数年前にクルマ好きの先輩から程度のいい1台を譲っていただけることになった。私の周囲にはヒストリックカーとしてＮ３６０

幸運にも手に入ったN360。このクルマが現役時代には乗ることができなかったので、今、思う存分乗れるように北海道の友人宅に常駐させてある。空いた道なら充分に乗用車として役に立つ。初夏の富良野周辺にて。

を持つ者はおらず、仕事も含めて試乗する機会はもうないだろうと思っていたので、喜んでこの好意に甘え、北海道に住む友人と共同所有にして彼の広いガレージに常駐させてある。

ある初夏の日、共同所有者の友人と連れだって、富良野周辺を250㎞ほど走ってきた。こうしたチャンスはクルマの発達史を体験できる絶好の機会で、これこそ機械好きの私にとって、ヒストリックカー試乗の楽しみの一つである。

冷静に見ると、最新の前輪駆動車に比べて操縦安定性は頼りないし、4輪ドラムブレーキも現代の路上では充分とはいえない。この40数年間にクルマは性能も品質、快適性もすべてが劇的に向上しているから、今日の目で見てN360の欠点をあげることは容易いが、そんなことに意味はない。

多大な騒音と振動に耐えつつ活発に扱えば、たった360㏄にもかかわらず、空いた道をかなりの速度で流れる周囲の交通の流れに乗って

走らせることは簡単だ。だが、そうすると、足回りに対して31馬力を誇るエンジンが勝っていると実感させられる。本来ならファミリーカーは足回りが勝っているのが理想なのだが。

　こうしてＮ３６０を現代の道路状況の中で活発に走らせると、同時期の軽自動車の中にあって、Ｎ３６０は異端であったことを再認識させられた。そのスポーティーさを魅力に感じた若者はともかく、20馬力程度の後輪駆動方式の軽自動車に親しんでいた大人しいユーザーにとっては、Ｎ３６０は慣れるまで手に余る代物であったことだろう。ここに至って、Ｎ３６０の購入を勧められた叔母が尻込みした理由を実感した。

　そうした人々の恐れの根底にあったのは、31馬力という未体験の高出力であり、まだユーザーの経験が乏しかった時代の前輪駆動の操縦特性であろう。Ｎ３６０は平均的な当時の軽自動車ユーザーの気持ちより、少しばかり〝速かっ

少年のころにあれほど憧れたＮ３６０だったが、これまで長いドライブをしたことがなかった。せっかく手に入れたのだから、なるべくＮ３６０が現役だった時代の道路状況に似た環境で充分に乗りたいと、空いた北海道を目的地に選んだ。Ｎ３６０は旅の足として充分に役にたったし、実に痛快な経験だった。ミラーとステアリングはノンスタンダード。

た〟のだ。

　北海道の旅を通じて、シンプルなN360には大いに共感を覚えた。もう少し静かでブレーキとシャシーに剛性感があり、道路事情さえ許せば今日でもこのパッケージングとパワーで充分に役に立つだろう。むろん安全性などについては、このまま復活して欲しいとは思わないが、N360が軽自動車の新しいドアを開けたように、シンプルでミニマムな移動手段として、現代の最先端の機構、たとえば高効率・好燃費のエンジンと高い安全性を備えた軽自動車として生まれ変われないものか。これこそ、現代の省エネルギーの求めに即した移動手段になるのではないかと、過去の鮮烈なN360の印象と照らし合わせながら、旅のあいだずっと思い続けていた。

第2章　Nの誕生——小さなボディと居住性の両立

N360の誕生

ホンダの実用的な量産軽乗用車、N360が公開されたのは1966年のモーターショーであった。トヨタ・カローラのデビューイヤーとして、のちにマイカー元年といわれる年のことだ。

オープンボディのスポーツカー、S500／S600で、最後発のメーカーとして四輪生産を始めたばかりであったホンダが、最初に手掛けた量産車がこのN360である。

N360が市場に姿を現したのはモーターショーの半年後のこと。1967年3月に発売となった。2ドアセダンのボディに、バイクの技術を活かした空冷360ccエンジンを横置きに搭載していた。軽自動車のコンパクトなボディでも室内空間を広く取るために、エンジンを

HONDA
HONDA

前車軸より前に搭載した前輪駆動（ＦＦ）を採用し、実用性にも目を向けていた。

二輪グランプリとＦ１で培った高回転型のエンジンは、標準的な軽自動車が20馬力程度だったのに対し、31馬力を発揮。日本でも注目が集まりはじめていたモータースポーツと相まって、走り屋のための軽自動車というイメージを瞬く間に獲得していく。

先進の設計——前輪駆動レイアウトの採用

ホンダの社史によれば、Ｎ３６０の開発がスタートしたのは１９６６年1月であった。その開発は責任者と本田宗一郎との話し合いによって進められていった。基本コンセプト構築の段階で、居住性がよく、高い性能を持つ軽自動車とするため、開発陣はキャビンか

Ｎ３６０の販売促進資料に掲載された構造図。スバル１０００など、前輪駆動を用いた日本車はすでに存在したが、Ｎ３６０が発売された時点ではまだまだ一般的ではなかった。（本田技研工業）

ら設計を開始したといわれている。

エンジンなどの機構部分が占めるスペースを最小限とし、独立したトランクスペースを設けることが決まった。また、安価であること、運転がしやすいこと、動力性能にゆとりがあること、高速走行に適した安全性と構造・装備を持つこと、快適なスペースを備えること、などが目標に挙げられていた。同時に本田はデザインの良さをも求めていた。

こうした姿を具現化していくと、短い規定寸法内をすべて有効に活用すべく、可能な限り長いホイールベースを持ち、4本のタイヤをボディの四隅に配置するFFの採用が決まった。1959年に誕生したBMCミニ（ADO15）によって普及が始まり、世界標準として広まりつつあった最新の小型車開発の手法である。

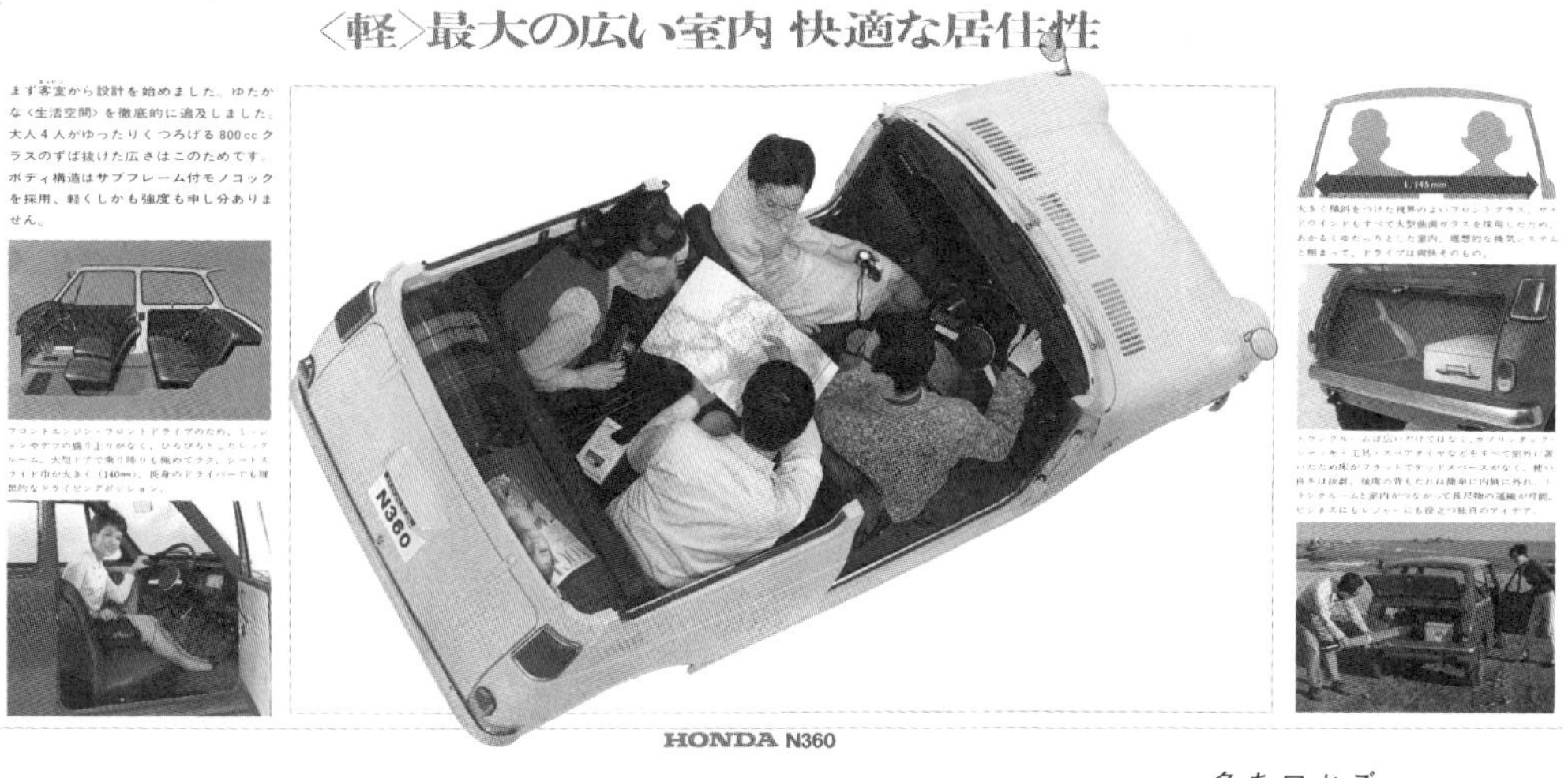
〈軽〉最大の広い室内 快適な居住性
まず客室《キャビン》から設計を始めました。ゆたかな〈生活空間〉を徹底的に追及しました。大人4人がゆったりくつろげる800ccクラスのずば抜けた広さはこのためです。ボディ構造はサブフレーム付モノコックを採用、軽くしかも強度も申し分ありません。
1,145mm
N360
HONDA N360

ごく初期のカタログから。N360のカタログでは、室内の広さを強調したコピーが多い。（本田技研工業）

後ろから前へ——過渡期にあった小型車のレイアウト

ここで少し寄り道をして、小型車のレイアウトの進化について簡単に記しておきたい。

小型車開発では、いささか乱暴ないい方をすれば、〝最も邪魔な存在〟なのがエンジンと駆動系、そして懸架装置である。当然のことながら、クルマが小型になっても人間のサイズは変わらない。よって、限られた外寸内で車室を拡大しようとすれば、機構部分が占める割合を小さくする以外に方法はないので、エンジニアは限られた寸法の中に可能な限り広い室内を確保するため、創意工夫を凝らして〝無駄なスペース〟を削ろうとすることになる。

エンジンを車体の前方に配してプロペラシャフトを使って後輪を駆動するという、フロントエンジン・リアドライブ方式でなく、よりコンパクトにエンジンと駆動輪を一箇所に集中させ、さらに車室から遠い車体の隅に押し込んでしまえばいいことになる。

こうした設計思想から普及したのは、車体後部に駆動系を集中させるリアエンジン・レイアウトだった。有効な手法であり、ＶＷビートル（１８３５年試作車完成）を筆頭に、ルノー４ＣＶ（１９５５年）、フィアット６００（１９５５年）やヌオーヴァ５００（１９５７年）が成功を収めている。日本ではスバル３６０（１９５８年）がその優れた例だ。実際、スバル３６０のレイアウトの巧みさとト

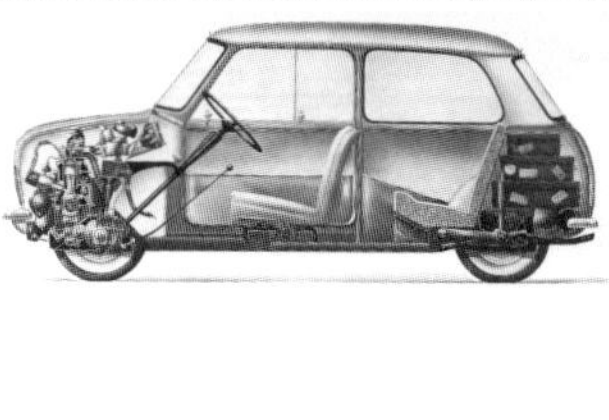

1959年に誕生したBMCミニは横置きエンジンによる前輪駆動を採用した小型経済車だ。その巧みな設計と、成功によって〝小型車の革命〟と評された。ミニ以降の小型大衆車は堰を切ったように前輪駆動化になびいていった。（BMC Archives）

左ページ：リアエンジンのVWビートルとフィアット600ムルティプラ。

ーションバー式四輪独立懸架がもたらす乗り心地の良さは、並み居る超小型車のなかでは特に優れたものだ。

設計のトレンドは、しばらくはリアエンジンの時代が続くが、小型車のさらなる効率向上を図ったミニの成功を転機に、小型車の標準はリアエンジンから横置きエンジンによる前輪駆動方式へと方向転換した。フィアット600やヌォーヴァ500などリアエンジン方式で成功を収めた設計者、ダンテ・ジアコーサも、急速に前輪駆動化を図っていった。

こうした小型車の進化から日本の軽自動車を見ると、リアエンジン車が小型車の標準規格になっていた時期に開発されたスバル360や東洋工業のマツダR360クーペ（1960年）、同キャロル（1962年）がリアエンジンであり、横置きエンジン前輪駆動車が主流になることが明らかになった時期に誕生したN360がそれを採用したのは当然の成りゆきであったのだ。よってN360が単にミニを模倣したかのような表現は馴染まないことになる。

もちろん前輪駆動の実現には、等速ジョイントなどの前輪駆動車のスムーズな走行を可能とする部品の進歩が不可欠であったし、新しい機構を組み込む製品を販売することへの経営者の英断（覚悟）も必要であっただろう。そうした新機軸へ取り組む積極的な若々しい姿が、四輪市場への本格参入を目指そうとしていたホンダにはあった。そして、この新鮮さがクルマを持つことを夢みていた若い人の共感を得ることにもなったといえよう。

では、軽自動車すべてが一気に前輪駆動化したのかといえば、そうではなく、N360に先んじて発売された、ダイハツにとって初となる軽乗用車のフェロー（1966年11月）はフロントエンジンの後輪駆動であった。これは軽乗用車市場への新規参入にあたって、まずオーソドックスな手法で臨んだ結果ゆえであろうと考えられる。またその背景には同社の軽商用車であり、後輪駆動のハイゼット（1960年11月）で培ったノウハウの活用と、それを使うユーザーを取り込もうとする配慮があったのは明らかだ。だがダイハツもフェローによって軽乗用車市場に足がかりを作ると、1970年4月に発売された二代目フェローのフェローMAXでは前輪駆動を採用した。またスズキは前輪駆動開発では先駆的な存在で、1962年に登場したスズライト・フロンテ（TLA/FEA型）は前輪駆動を採用したが、1967年4月にN360の好敵手として投じた二代目のフロンテ360（LC10型）では、一転してリアエンジンを採用。その次世代型から前輪駆動に転向（戻ったというべきか）している。

このように行ったり来たり実験的な時期を経て、軽自動車のレイアウトは前輪駆動が多勢を占めるようになっていった。

ホンダ・ドリームCB450。ホンダが1965年4月に発売したスーパーバイク。その高い性能は世界中で高く評価された。エンジンは空冷2気筒DOHCの444ccユニットは最高出力45PS/9000rpmと、3.8kgm/7500rpmの最大トルクを発揮した。（本田技研工業）

31馬力を誇る驚異のパワー

Ｎ３６０の前輪を駆動するエンジンは、二輪車で世界市場を席巻していたホンダが長年にわたって慣れ親しんだ空冷の２気筒ユニットで、これを前方に10度傾けて搭載している。当時の標準的な軽自動車に比べて高度なエンジンレイアウトだが、いささか乱暴ないい方をすれば、当時のホンダにとってこれは実証済みの形態であり、ほかに選択肢はなかったといってもいいだろう。

横置き2気筒というレイアウトは二輪車そのものにも見えるが、事実、１９６５年に登場したスーパーバイクのＣＢ４５０用（排気量４４４cc）から派生したパワーユニットであった。大きな相違点は、ＣＢ４５０がシリンダーの間からチェーンで2本のカムシャフトを駆動するＤＯＨＣヘッドであるのに対して、Ｎ３６０用ではカムシャフトを１本減らしてＳＯＨＣとしていることだ。57・８㎜のストロークもＣＢ４５０と共通で、ボアを62・５㎜に縮めることで３５４ccの排気量を得ている。こう記すと多くの部品が共通であるかのように思えるが、実際のところは、共通するものはバルブ駆動系のごく一部に過ぎないといわれる。

だが、Ｎ３６０のエンジンがＣＢ４５０を祖とする派生型であるこ

Ｎ３６０のパワートレーン。冷却ファンはエンジンの背後、スカットルとの間に位置し、ベルトで駆動した。（本田技研工業）

とから、別項で示すようにN360はモータースポーツで大きな活躍を見せることになる。

SOHCヘッドは半球型燃焼室を形成し、圧縮比は8・5：1であった。キャブレターは横置き可変ヴェンチュリー型で、エンジンの後方、スカットルとの間に位置し、前方から排気した。また冷却ファンも同様にエンジンの後方に配置し、クランクからプーリーとベルトを用いて駆動し、冷却気を吸い出した。

クランクシャフトはホンダの伝統に従ってメインにローラーベアリングを用いた組み立て式で、ベアリングはセンター2個、左右に各1個ずつを配している。ギアボックスはエンジンの下方に配置され、エンジンとギアボックスの潤滑オイルを共用し、それが納まるクランクケースにも冷却フィンが切られている。

クランクから出た出力は、まずチェーンにより第一次減速（2・812）したのちクラッチに入り、変速ギアセットを経てヘリカルギアによって第二次減速（3・789）されている。デフを出た出力はハーフシャフトによって左右の駆動輪に伝わるが、内側には軸方向にスライドして長さの変わるバーフィールド型、外側はダブルフック型等速ジョイントを用いて、操舵時における駆動力の滑らかな伝達を可能にしている。N360より設計年次が古いミニでは外側のみが等速ジョイントであった。ギアボックスは当初、4段マニュアルのみで、シフトレバーがダッシュボードから生えていることが特徴的で、二輪車の経験を活かしたコンスタントメッシュ（常時噛み合い）式であった。

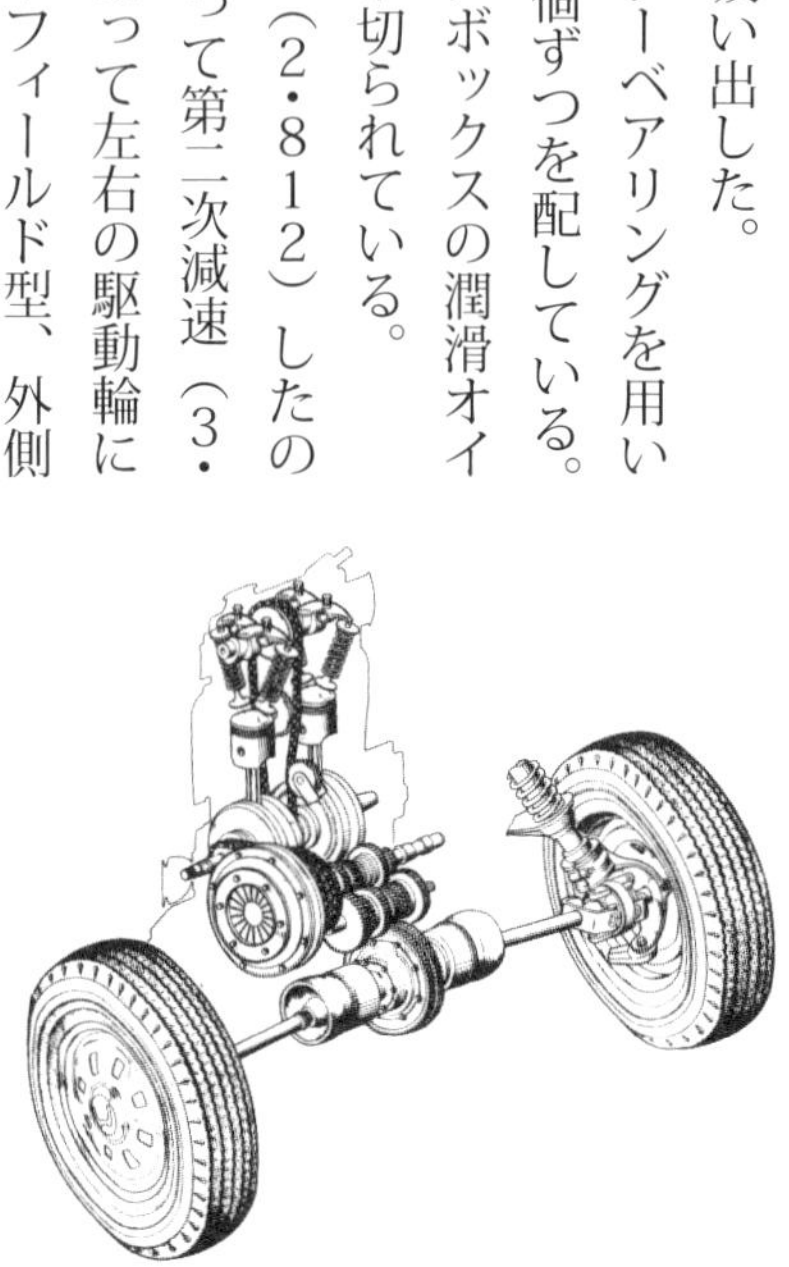

広報資料に掲載された駆動システムの説明図。空冷2気筒SOHCエンジンを横置きに搭載し、その後方直下にギアボックスを配置している。エンジン、ギアボックスのパワートレーンなどすべて、前輪アクスルより前方に追いやられており、客室を狭めていない。（本田技研工業）

最高出力は31PS／8500rpm、最大トルクは3・0kgm／5500rpmを発揮、既存の軽自動車の中では最高のパワーを誇った（ちなみにCB450の444ccユニットは、43PS／8500rpmと3・82kgm／7250rpmを発揮）。当時の標準的な軽自動車は20PS半ばの出力であったから、N360の高性能ぶりに人々は驚かされることになった。

車両重量は475kgで、カタログで謳われた最高速度は115km／h、0－400m加速は22秒で、軽自動車の中では飛び抜けた俊足であった。

スペース効率を重視した足まわり

サスペンションはフロントがマクファーソン・ストラット／コイルにド・カルボン式筒型ダンパーの独立式で、リアは半楕円リーフスプリングによる固定式である。簡便でスペースを取らないレイアウトのリアサスペンションを採用したことに加えて、スペアタイヤをエンジンルーム内に追いやり、ガソリンタンクをリアシートの床下に配したことで、トランク内にはタイヤハウス以外の突起がない広いスペースを確保している。また、リッドは当時の日本車としてはめずらしいプラスチック製であった。

ブレーキは当初、4輪ドラム式を用いたが、後にフロントにディスク型を採用した。

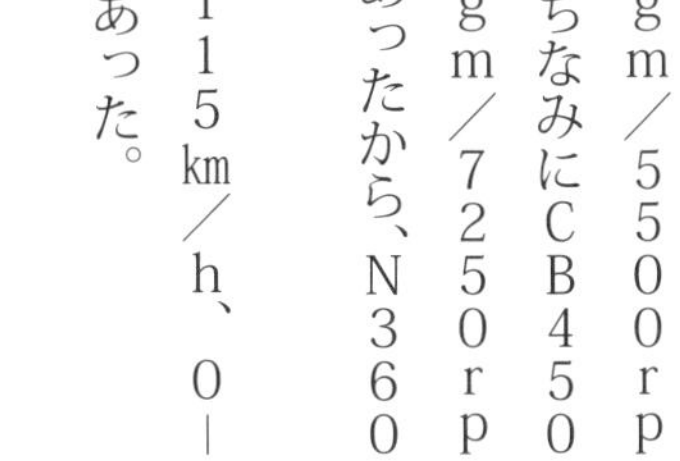

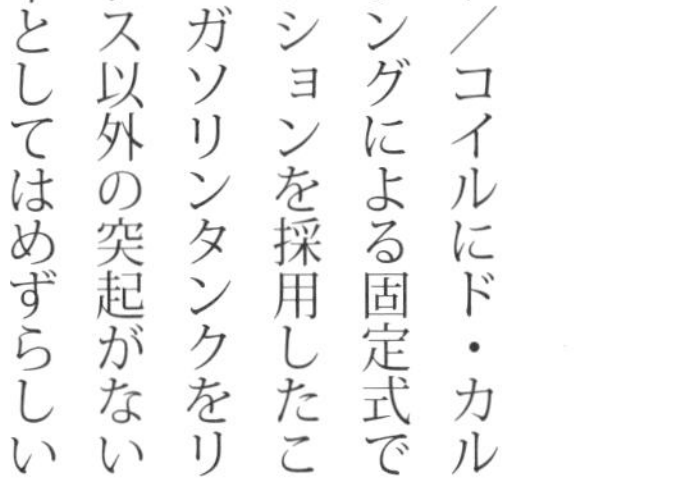

エンジンルーム内を覗くとエンジンが前端に追いやられていることがよく分かる。シフトレバーはダッシュボードから生えていた。（本田技研工業）

当時の軽自動車の規格寸法内にギリギリに納まった外寸は、全長２９９５㎜（軽規格寸法３０００㎜以下）、全幅１２９５㎜（同１３００㎜以下）で、全高は１３４５㎜（同２０００㎜以下）。ホイールベースは２０００㎜であった。ちなみにBMCミニと比較すると、ホイールベースはミニが36㎜長い２０３６㎜、全長は３０５０㎜で50㎜ほど長く、全高はほとんど同一である。当然ながらサイズに制約がないミニの全幅は１４１０㎜と１１５㎜も広い。サイドのプロポーションを見ると、ミニに比べてN３６０はエンジンルームの占める割合が長く、ミニのようにステアリングを抱え込むような運転姿勢を取る必要がなかった。これにより当時の日本のユーザーにはとっては〝自動車らしい姿〟に見えたはずだ。

価格設定も型破り

価格は狭山工場渡しの価格で31・３万円、東京地区で31・5万円。それまでの軽自動車の設定価格は30万円台後半が主流だったのに対し、数万円も安い〝勉強価格〟で市場に切り込んだ。それまでの軽自動車標準モデルであったスバル３６０

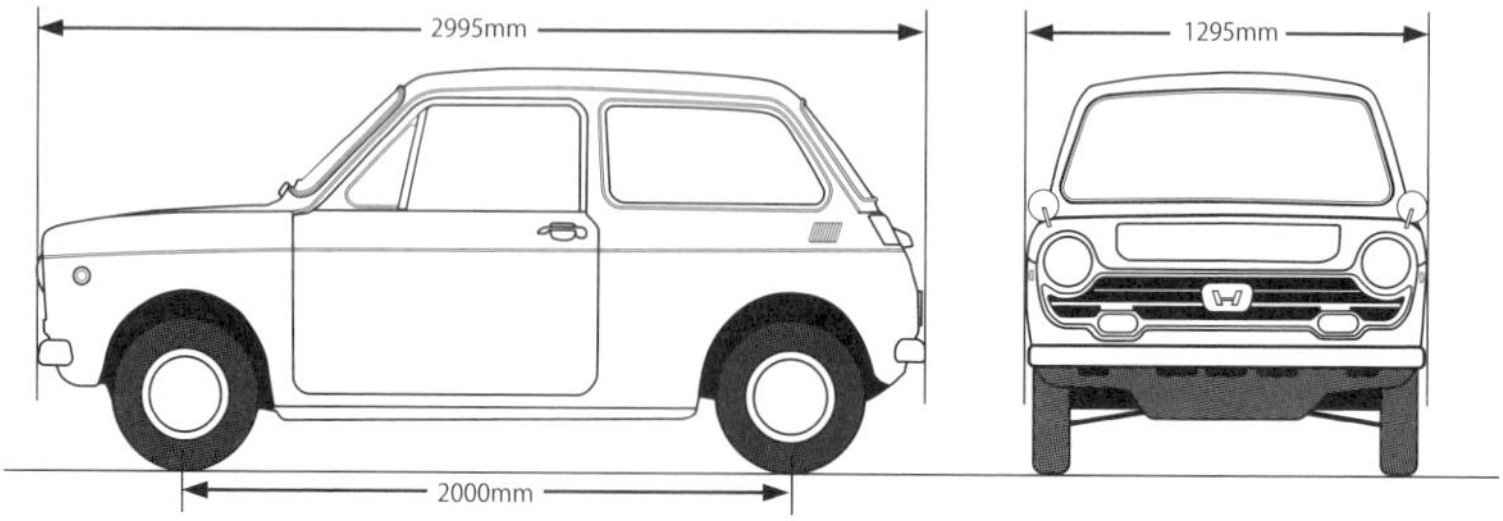

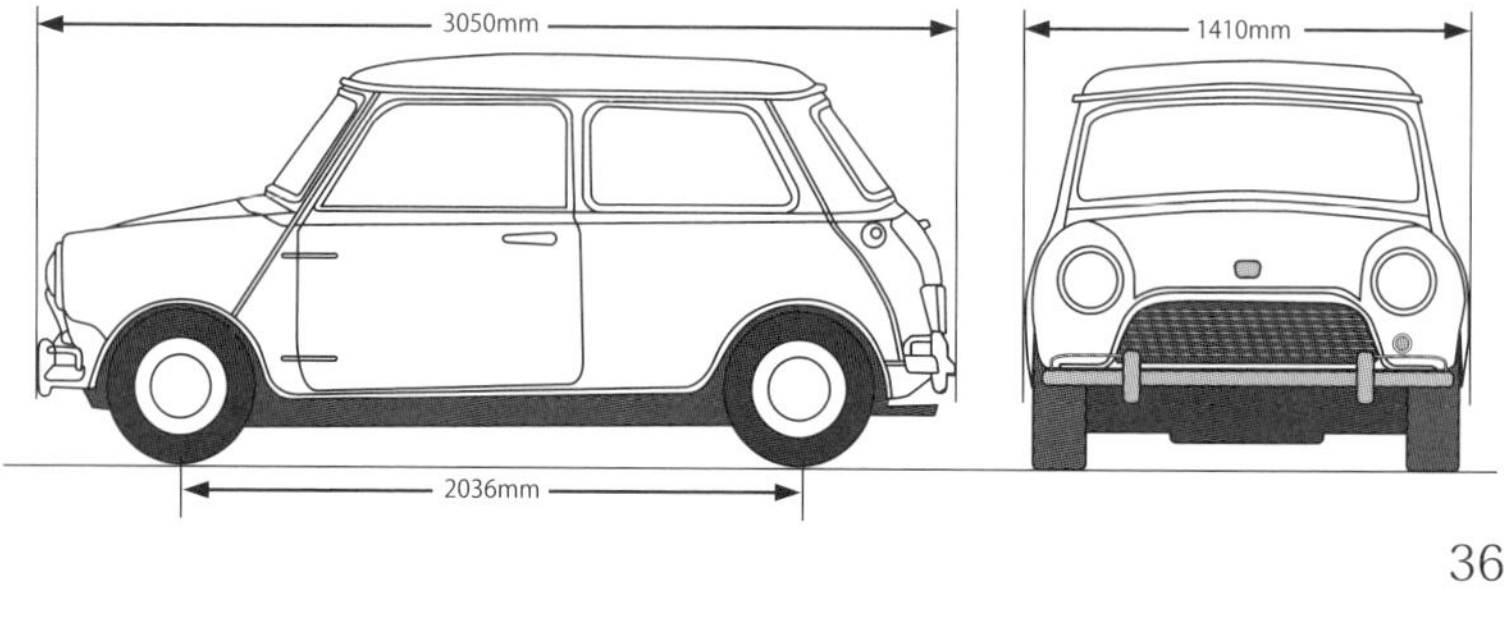

に大きく価格でも対抗した。ライバル車にはその後、相次ぎ値下げを余儀なくされるほどのインパクトを与えた。

現在でも軽自動車には税制上のメリットが大きく、好調な需要を後押ししていることはよく知られている。

N360が登場した1960年代中頃では、軽自動車に与えられた特典は現在よりさらに大きかった。普通車と比較してなにより顕著だったのは自動車税が安いことで、361~1000ccの乗用車が年額1万8000円であったのに対して、軽乗用車なら年額が4500円(現在では7200円)と4分の1にすぎず、軽商用車ならわずか2500円で済んだのである。これらは当時の物価を考慮しても大きな障害という金額ではない。さらに車検もなく、車庫規制の対象外であり、16歳で取得可能な軽免許で乗ることができた。デメリットとしては高速車線の走行が許されず、最高速度が60km/h(1965年から。それ以前は40km/h)に規制されていたが、初めて自分のための自動車、〝マイカー〟を持とうと考える庶民にとっては、今も昔も車両価格と維持費の安さは大いに魅力的である。

高い性能、居住性、そして低価格と3拍子をそろえたNは発売と同時に若者を中心に人気を博した。その後バリエーションを増やしながら、軽乗用車市場を席巻していくことになる。

発売時のカタログに掲載された室内イラスト。(本田技研工業)

マイナーチェンジで安全性と快適性を向上させたことを謳った。カタログから。(本田技研工業)

第３章　スーパーカブはＮＴに載せて

土屋一正さんに聞く
——N360とTN360は社用車として毎日乗りました

発売以来、急速に販売台数を伸ばしていったN360。そのころのエピソードを販売していた側からの印象を中心に、当時を知る方に伺った。

ユーザー予備軍の子供に優しさ

まだ中学生だった頃のことです。私は、本田宗一郎さんが書かれたものを読んで感動を覚え、ホンダに入ってクルマを造りたいと思ったんです。ファンレターのようなものといえばいいかな、ホンダという会社の印象を書いた手紙をご本人に送ったことがありました。そうしたら、ちゃんと返事が来たんです。これにはビックリしたし、嬉しかったですね。

あとになって秘書の方が代筆したことを知ったのですが、当時はそんなことは分からないですし、あこがれの本田宗一郎さんから返事があったというだけで嬉しくてしかたなかったのです。今考えても、中学生にも社長が返事を出すという姿勢は、会社の姿として素晴らしいと思いますよ。

N360とTN360を仕事の足として使った土屋一正氏。N ONEが並ぶ青山の本社ショールーム前にて。

ホンダのラインナップを並べたリーフレット。東京モーターショーで配布されたもの。
(本田技研工業/個人蔵)

もうひとつホンダへの印象をよくしたのは、子供の私にもカタログをくれたことです。中学生の私にとって「クルマ好き」イコール「カタログを集めること」でしたが、ほとんどのメーカーはショールームに行っても断られるのが常でした。でもホンダだけはカタログをくれて、会社にカタログ請求の手紙を出したときも、その都度送ってくれました。若い人を大事にしようとしていたからでしょうね。

販売会社へ入社

大学でデザインを学びたいと思っていて高校を出た後に浪人を重ねましたが、美術大学の難関を破ることができませんでした。そうそう長く親にも迷惑をかけられないですから、新聞広告を見てホンダに入りました。ちょうどホンダがどんどん大きくなっていた時期でしたから、中途採用をたくさん採っていました。新しくて成長している会社ですから、学歴とか経験とかあまり関係なくて、入社してしまえば、希望する部門への異動も聞いてくれそうだし、何よりホンダで仕事ができる絶好のチャンスでした。

私が入社したのは、本田の系列の〝(株)ホンダ営研〟という販売会社でした。(本田技研副社長の)藤沢武夫さんが営研の社長で、ホンダ製品を販売する店に卸販売する会社です。宗一郎さんが造ったクルマを藤沢さんが

HONDA

(株)ホンダ営研
社員募集

●〝ホンダ営研〟は、販売店と本田技研とを結ぶ重要なパイプになると同時に、セールス活動を通じ常に新しい需要を創造し、市場拡大を計るべく誕生したユニークな会社です。
●組織の鎖のない職場です。
個性と能力をフルに生かしリサーチ活動にも存分腕をふるっていただきます。
●エキスパートを尊重します。
優れた仕事に対してはそれにふさわしい待遇と資格を付与する独自のシステムです。

募集要領
●職種 営業(セールス) 10名
●勤務地 愛知・三重・岐阜県(希望により他県も可)
●資格 30歳以下・学歴・経験不問(営業経験あればなお可)
●待遇 正規社員・給与=当初25歳で[illegible],000円程度。一年後に実力給与に切換え優遇
●応募方法 2月5日(日)までに①ペン横書履歴書(表に希望県名朱書・写真貼付)②宛先記入の返信用封筒(切手不要)を左記宛お送り下さい。書類選考の上面談(2月12日予定)の通知を差上げます
◎秘密厳守・応募書類は返却しません

株式会社 ホンダ営研 採用係
東京都中央区八重洲五の五

土屋さんがホンダへの入社を決めたころの新聞広告。(株)ホンダ営研はホンダ製品の販売を担当する会社であった。(個人蔵)

売るというわけです。当時のホンダは二輪車店を通じてお客様に製品を販売していましたから、その店を回りながら、市場調査や販売促進のお手伝いをするのが私たちの仕事です。

営研は進歩的で、給料は当時まだめずらしかった銀行振り込みでしたし、仕事をきちんとしていれば出社する必要がないという自由な会社でした。

なにより魅力的だったのは営業マンに与えられる社用車が、営研のコーポレートカラーのオレンジに塗られたS800だったことです。今ではちょっと信じられない話でしょうが、S800を会社から貸与されて販売店を回るのです。ホンダを象徴する製品で町を走るという、いわば走る広告塔ですね。S800が欲しかった私にとっては魅力的な話でした。もし、今、S800をレストアしている方が塗装を剥がしてオレンジが出てきたら、それは元・営研のクルマかもしれませんよ。

営業車はNとTN

私は1971年の4月に入社しましたが、その前にS800の生産が終わってしまい、営業車にはN360があてがわれました。このほかに二輪担当には二輪を積むためのTN360もあったので、2台貸与されました。TN360はオレンジ色に塗られていましたが、N360は販売車のままです。

土屋さんが入社する以前には、S800が営業担当者の足として貸与されていたという。

この2台で私のホンダマンとしての生活がスタートしたので思い出深いですね。私は二輪担当として配属されたのでN360で通勤して、営業所で販売店に届ける二輪車を自分でTNに積み込んで出かけるのです。二輪車は売れていましたから、1日に何度もTN360で届けに行くので当然、距離は伸びます。新車の営業車を受け取って翌週に1000㎞点検に持って行くことがあったほどです。

だから、TNについてはなにもかも知り尽くしました。機構的にはN360と同じです。あの独特のドッグクラッチ式のギアボックスを、音を立てずにシフトするにはちょっとしたコツがいるのです

◀ホンダ1300。1969年春に発売したホンダの小型車。空冷4気筒1300ccエンジンをフロントに横置きに搭載し、前輪を駆動した。100PS/7200rpmと、115PS/7500rpmの2種のエンジンチューンが存在した。この4ドアセダンのほかに2ドアクーペも加わった。（本田技研工業）

▶N360のエンジン・ギアボックスを搭載した軽トラックのTN360。エンジンはミドシップ配置で後輪を駆動した。（本田技研工業）

左ページ：休日には会社の先輩と共にN360でキャンプに出かけたこともあった。（71年秋）

が、それを完全にマスターしましたし、ヒール・アンド・トウもTNで上手くなったんです。TNはいわばミドシップ2シーターですよね。

TN360は軽トラックの中でも一番パワーがありましたし、運転していて苦痛ではなかったです。一番売れていたのはスーパーカブでしたから、だいたい3台積んで出かけます。大事な商品を積んでいるので慎重に運転しますが、お客様が納車を待っておられるので、速くて安全でスムーズな運転をマスターしましたね。集金だけなどで二輪車を積むことがない時にはN360に乗るんですが、TNで鍛えてありますから、ちょっとした〝N使い〟です。会社が寛容でしたから、私用に使うことも許していたので、よく仲間とN360を連ねてドライブに行ったものです。

ユーザーを繋ぐ連帯感

私が入社したころには、N360だけでなくホン

ダ1300も発売されていましたが、それでも私のいた名古屋ではホンダ車の数はそう多くはなかったですね。就職した時にはなんでホンダなの、トヨタや三菱の試験に落ちたの、なんていわれたほどですから。

そんなわけですから、ホンダ車どうしが町ですれ違った時には、手を挙げたり、軽く会釈したり、なんだかユーザー間に連帯感があったことを覚えていますね。

〝人と違った〟とか、〝進んだものを持った仲間〟という意識がN360のユーザー間に芽生えていたように思いますね。N360は31PSもあって軽自動車の中では最高馬力で、〝小型普通車にはこれより馬力が少ないものもある〟、それも大きな魅力だったはずです。

VANジャケットの石津謙介さんは確かミニ・クーパーに乗っておられたと思いますが、その石津さんが、これからは「大きなクルマに乗るなんてみっともない、小さいクルマに乗るのが格好いい」と話されていたのを『メンズクラブ』か『平凡パンチ』で読んだ覚えがあって、N360の運転席で笑っておられた写真が今でも記憶に残っています。

ホンダ入社前、父が購入したホンダ1300の前で。69年秋、当時19歳。

当時のクルマの常識では、小さいクルマはみすぼらしいとか、軽自動車は我慢の象徴みたいな風潮もあったのですが、それを当時の若者のカリスマのような方、ファッションだけでなくライフスタイルのオピニオンリーダーが、威張って乗れる格好いいクルマと断言されたわけです。これに感化された若い人は多かったと思いますよ。Ｎ３６０が発売されたことで、若い人にとっては、自分たちが欲しくなるクルマを造ってくれたホンダという会社への憧れとか、親近感も生まれていったと思うのです。

会社の雰囲気も若々しかったし、そうした新鮮さに共感して、お客様もホンダ車を選んで買ってくださったと思いますね。急成長する四輪車の象徴的存在がＮ３６０だったといえるでしょうね。私はＮ

仕事を離れた時間は鈴鹿サーキットのオフィシャルとして活動していた。

360を社用車として乗って面白さも理解していたので、入社後に入手した中古のS800と共にN360も所有した時期があって、クルマを通した友人がたくさんできましたし、40年経った現在も彼らと付き合っていられるのも、N360のおかげだと思っています。

土屋一正（つちや　かずまさ）氏

元（株）モビリティランド取締役モータースポーツ担当。1950年7月9日、愛知県生まれ。ホンダには71年に入社。二輪の営業、宣伝、技術研究所、ワークスレーシングチーム、本社モータースポーツ広報を歴任。1998年ツインリンクもてぎに出向。モビリティランド取締役に就く。プライベートでは1971年から94年まで休日に鈴鹿サーキットのコースオフィシャルを務め、1987年の第1回目から1994年までF1でチェッカーフラッグを振った。退職後もモータースポーツ関連のボランティアを務める。

第4章　Nの快進撃

瞬く間にベストセラーへ

戦後の高度経済成長期、良好な経済状況のなかでN360は発売された。細かくなってしまうが、その販売の推移を示す登録データをいくつか挙げて、N360の販売の様子を見てみよう。

Nが発売された1967年の軽四輪乗用車の月別登録台数は、年度末の3月に6万2121台という新記録を樹立、続く4月には5万8232台を記録している。この躍進ぶりは、ダイハツ・フェロー(1966年11月発売)やN360(1967年3月発売)の効果が顕著に表れたものといえよう。4月の軽乗用車実績を詳しく見ると、市場で先んじていたフェローが2717台(3月:2459台)、N360が3517台(3月:2113台)で、商用車を含む1万2304台を登録したダイハツが軽自動車全体で1位の座に着いた。

軽乗用車の市場独占率で見ると、さらに興味深い事実が浮かび上がる。すなわち後発のホンダであったがN360の効果は絶大で、市場独占率で実に39%を占めた。以下、スバル360でそれまで先行していた富士重工が30・4%、ダイハツ:12・6%、東洋工業(マツダ):11%、三菱:6・5%と続く。4月にフロンテ360を投入したばかり

N360に先んじて1966年11月発売されたダイハツ・フェローは、フロントエンジンの後輪駆動であった。1970年4月に発売された二世代型フェローのフェローMAXでは前輪駆動を採用した。(ダイハツ工業)

のスズキはまだ０・５％に過ぎないが、このあとフロンテによるＮ３６０の追撃が始まることになる。

５月度の総計５万５７６１台に続き、スズキのフロンテが順調に販売を伸ばしたこともあり、６月度もさらに上向いた。６月の軽乗用車台数を列挙すると、ホンダ：７４１０台、富士重工：４８８０台、三菱：２７４９台、東洋工業（マツダ）：２６５８台、ダイハツ：２２０３台、スズキ：１５００台で、乗用車合計は２万１４５０台となった。商用車を含めると６万８２８台（対５月比約９％増）に達したが、このうちスズキが８５７１台で、ホンダは商用車のＬＮ３６０が加わったことで、さらに増加して９８４７台となった。

１９６７年11月にはホンダの軽乗用車は１万２０４０台、これに軽商用車の７２０６台を加えた１万９２４６台とな

続々と生産ラインを離れるＮ３６０。（本田技研工業）

り、12月には2万台を突破した。一方で11月のホンダの小型車は乗用車が362台、同商用車が20台の合計382台しかなかった。

新グレード追加

1968年1月にはホンダの軽自動車が総計2万3922台を記録した。発売当初はモノグレードであったN360のバリエーションとして、デラックス仕様の〝M〟(67年12月)とスポーツモデルのS(68年2月)(価格はともに35万8000円)が加わり、さらに押し上げることになる。〝S〟は、若いN360のユーザーが求めていた、3本スポーク型ステアリングやタコメーター、補助ランプなどを備えており、若年顧客層の購買欲を煽った。

1968年3月の乗用車実績では、ホンダが1万2810台、スズキが6905台、スバルが62114台だが、軽乗用車市場における富士

スズキ・フロンテ

これは高性能バージョンのSSS。空冷2ストローク3気筒エンジンは、36PSまでチューンされていた。軽自動車の高性能化を象徴するモデルだ。(スズキ)

軽自動車のベストセラーに君臨していたスバル360であったが、N360やフロンテ360、フェローSSなどの高性能軽自動車に背を押されるように、高性能なヤングSやヤングSSを投じて、反撃に出た。(富士重工業)

新しいグレードが追加されたことを紹介したカタログ（本田技研工業）

重工、東洋工業（マツダ）、三菱重工の先発3社の中で、なんとか3位までに入っている（残っている）のは富士重工だけだ。

長年にわたって軽自動車市場を牽引していたスバル360が首位の座をN360に明け渡し、2位にフロンテ360によって追撃するスズキが入り、両者が鎬を削るという状況にあった。

だが、先発3社はシェアを落としたものの、台数は1年前の実績に比べて増やしている。すなわち後発組が先発組のシェアを食っているのではなく、軽自動車の市場全体が活発に拡大していたことを示す。

当時の資料によれば、軽自動車の市場を拡大させている新規顧客は30代以下が過半数を占めており、こうした顧客の多くがN360やフロンテ360という、いわば新世代の軽自動車を求めたのに対して、先発組は大きく変貌した市場の状況に乗り遅れたことは明らかであった。そこで富士重工はスバル360に、若年層に向けたスポーツモデルとして、その名もヤングSやSSを投入し、軽自動車の高性能化、高級化はます

N360サンルーフ。1968年初夏にバリエーションに加わった。（本田技研工業）

ます加速されていった。

AT、サンルーフ、Tシリーズが登場

N360に話を戻すと、1968年4月には、ホンダとして初となる自動変速機を搭載したN360 ATが加わった。これは3速フルオートマチックで、セレクターレバーはハンドルに備わった。ATを搭載したものの4MTと比較しても性能の低下は少なく、最高速度110km/hを謳った。

1968年7月に開閉式のキャンバストップを備えたN360サンルーフが加わった。また、同年9月には可変ヴェンチュリー・キャブレターを2基に増やし、シリンダーヘッドを独立ポート式とし、圧縮比を上げ、クランクシャフトの材質、バルブスプリングなどの強化を図って、パワーを36PS/9000rpmに向上させた新シリ

最初はモノグレードであったN360も、次第にバリエーションを追加していった。3本スポーク・ステアリングなどのスポーティーな装備を備えた"S"。ノーマルのN360を買ったスポーティー嗜好のユーザーが望む装備が初めから付いていた。（本田技研工業）

ーズが加わった。最高速が１２０km／h、０～４００m加速が21秒05に短縮された。ツインキャブレターであることから〝Tシリーズ〟と名付けられたこのシリーズには、装備品によって、T（〝高速ツーリング時代の軽乗用車〟を謳った）、TS（〝スポーティーな装備〟の高速ツーリング車）、TM（〝豪華な装備〟の高速ツーリング車）、TG（〝超豪華な装備〟の高速ツーリング車）の４種のグレードが用意されていた。

１９６７年３月にＮ３６０を発売したＮシリーズは、およそ１年半の短期間のうちに累計生産30万台を超え、中でもＮ３６０は１９６８年度１～８月生産で約12万台を記録するという快進撃を続けていた。

海外市場に目を向けると、Ｎ

▶Ｎ３６０から派生したパーソナルモデルのホンダZ。スタイリングを重視したモデルだが、居住性を犠牲にしていない。〝水中めがね〟のニックネームの由来となったのは、ハッチテールの形からだ。Ｎ３６０より荷物が積み込みやすかった。（本田技研工業）

◀マイナーチェンジしたＮ。ノーズのバッジが赤い。

360をベースに600ccエンジンを搭載したN600がアメリカとヨーロッパに輸出された。ホンダの知名度の高さと、同じクラスにライバルが存在しなかったことからN600は善戦したといえよう。また1968年6月には、この日本国内仕様であるN600Eが発売されたが、日本市場においては商業的には失敗で、1500台ほどが販売されただけで終わっている。

　1969年にはマイナーチェンジして、居住性を改善。スーパーデラックスとカスタムが追加された。さらに70年にマイナーチェンジしてNⅢへと進化する。

　N360から派生したモデルとして、1970年10月にクーペボディの"Z"が登場し、軽自動車にもパ

▶N360をベースに排気量を600ccに拡大したモデルのN600。海外市場に向けたモデルだったが、国内でもN600Eの名で販売された。

◀マイナーチェンジしてNⅢの呼称に変更になった。（本田技研工業）

ーソナルカー需要を喚起することになった。
1972年に生産を終了するまでのN360の総生産台数は65万台に達した。

N360の最終型であるNⅢのカタログから。やけに大人びたグリルを備えるようになった。この頃に流行っていた某ベーカリーの店頭で撮影されたようだ。私の記憶が正しければ、この店がある洒落た商店街でのあたりでも、週末の夜に若い人たちが乗るN360のコンクール・デレガンス（?）が催されていたと思う。（本田技研工業）

第5章　Nと若者が創造した日本の自動車カルチャー

16歳で取得できた軽免許

この時代の軽自動車の躍進ぶりについて述べるときには〝軽免許〟の存在を避けることはできない。軽自動車免許は1952（昭和27）年に設定された、360cc以下の自動車を運転できる免許で、16歳から取得することができた。

〝軽免許〟という言葉に対する反応には年齢によって違いがある。理由は1968（昭和43）年9月に運転免許制度に対して大規模な整理と統合が行なわれたことが大いに関係している。この改正によって、軽免許は普通自動車運転免許に吸収・統合されて消滅することになった。早い話、自動車の運転免許取得年齢が16歳から18歳に引き上げられたことを意味した。当時のクルマ好きの少年にとってこの改訂は、目前に迫った待望の時が、はるか彼方に先送りされた絶望の瞬間だった。

私は、その変革の時期にはまだ取得可能年齢に達していなかった

夜の街を疾走する若いユーザーのN360。ルーフを白にペイントしているのはミニ・クーパーに感化されているからだろう。（八重洲出版）

から、落胆の程度は取るに足らぬものだったが、現役の高校生にとっては大問題だった。先輩などからは、誕生月の関係でめでたく取得できたクラスメイトに免許証を見せつけられて地団駄を踏んだという話をよく聞かされたものだ。

N360はこうした免許を取得したばかりの高校生や大学生にとって、羨望の軽自動車だった。若い彼らの強い希望でN360をはじめとする軽自動車が、運良く各家庭のフ

アミリーカーに導入されると、親が勤めに出ている週日には、ファミリーカーが彼らの愛すべき〝ツール〟となり、まるで自分専用車であるかのように乗り回した。裕福な子息が〝買ってもらった〟かのようなクルマには思い思いの改造が施されていき、それまでの日本には例のなかった若者が主導する自動車カルチャーが巻き起こっていった。

チューンナップで個性を主張

彼らの間では、N360をスポーティーに仕立てることがたちまち流行し、これが一つの自動車文化の出発点となった。60年代後半、わが国でもモータースポーツが広まりつつあり、これに感化された若者にとってN360は格好の手段であった。

1枚のカッコいいステッ

繁華街に集まった若いユーザーのN360。こうしたN360を街でよく見かけた。白いクルマは象徴的なドレスアップ（当時はそうした言葉はなかったが）を施して、なかなかセンスがいいと思う。すなわち、フェンダーミラーを外してスポーティーな砲弾型をドアに備え、ボンネットに革製のベルトを備え、アンテナをルーフから生やしている（たぶんいすゞ・ベレット用だろう）。また車高も低下させている。赤いクルマはほとんどノーマルのようだが、ホイールキャップを外している。白タイヤはわざと洗わない！（八重洲出版）

カーを貼るという第一歩から始まり、エンジンやサスペンション、ボディに手を入れるという大がかりなものまで、予算と趣味に応じて様々な改造が施された。

１９６０年代当時は、現在のように簡単にチューンナップパーツが手に入る状況ではなかった。クルマ関係の用品を扱う専門店は少なく、需要が多い都市部であっても限られていた。仮にそうした店に行ったとしても、限られた数の輸入車や日本車のスポーティーモデルに乗った、いかにも裕福そうな人々が溜まっており、店に入るには免許取り

立ての若者には少し勇気が必要だった（私はそうだった）。

後述するように、そうした〝高級な〟専門店もN360やフロンテに代表される新時代の軽自動車の増殖を前にして、軽自動車用のパーツを品揃えするようになるが、それらはまだまだ高価だったから、ユーザーの工夫による改造が多かった。

たとえばホイールを裏返しに装着するといったものだ。N360の初期には、10インチ径のホイールは一般的なドロップセンターリムではなく、ホイールが分割できるいわゆる〝合わせホイール〟であった。

若い人は見たこともないだろうが、合わせホイールは2本のリング状のリムをネジなどによって合体させる2ピース構造で、当時の軽自動車には一般的なホイールだった。合わせホイールはドラムブレーキの周囲にボルトで装着する方式で、内側のリムの方が、外側のそれより広かったので、本来とは逆に裏返しに装着すれば、簡単にトレッドを拡大することができた。

ただし、ホイールを大きくオフセットさせることになるので、ブレーキドラムのフランジにホイールを固定するボルトに大きな負担がかかり、激しいコーナリングをすればボルトが折れる危険性もはらんでいた。加えて、バルブの空気口も内側に向いてしまうので、空気を調整しようとすれば、その都度、ホイールを脱着しなければならなかった。

さらに格好をつけようとすれば、合わせホイールの幅広の内側を2個組み合わせることで簡単にワイドホイールとすることも可能だった。今ならアルミホイールにまずは交換するところだが、言うまでもなく、当時アルミホイールなど遠い海外の話だったし、その存在自体を知らないユーザーも多かったことだろうと思う。

標準装着タイヤがクロスプライであることが一般的だったこの時代では、高価なラジアルタイヤを備えること自体が重要な足回りの強化策であった。

サスペンションもN360のリアはリーフ・リジッドなので、このリーフばねを1枚抜くことで車高を下げることができたし、フロントのコイルばねについては、乱暴に自由長をカットして縮めることが流行（いや、横行というべきか）した。この点、スバル360はトーションバー式であったから、スプリングを交換することなく、車高の調整が可能であった。

流行となったドレスアップ

こうした簡単な〝チューンナップ〟もさることながら、外観のドレスアップもオーナーが自ら手を下すことが一般的であった。専門誌の誌上で発見して真似したいと思ったパーツがあったとしても、金もなかったし、そうそう売っている場所もなかったのだ。私にとってこうした自作例で印象に残っているのは、当時、アメリカで人気のレースであったCAN－AMレースを走るマシーンが装着していたミラーを真似たものだ。セダンにもかかわらず、〝カンナム風〟のやけにステーの長いミラーをフェンダーに備えていた例を多く見かけた。N360ではさぞかし振動して見にくかったことだろう。

　自動車誌はこうした動きに呼応した記事を掲載し、誌面には顧客にアピールする専門店の様々な広告が並ぶようになっていった。本格スポーツから軽自動車までを巻き込んだその若いオーナーたちの熱は、輸入車や日本車のスポーツモデルのために、チューンナップキットやアクセ

式場壮吉氏が主宰するレーシングメイトは、高級でセンスのいいスポーツキットを品揃えしていたが、N360の発売によって拡大した軽自動車市場に向けて、〝格好のいいアクセサリーを投入した。これはそのカタログの表紙。(個人蔵)

レーシングメイト製のアクセサリーとそれらを備えたN360のオフィシャル・フォト。ワールドチャンピオンのジョン・サーティーズが主宰するチーム・サーティーズをイメージしたカラリングが、実に格好よかった。(個人蔵)

サリーを手掛けていた日本最高峰の高級ブランド、〝レーシングメイト〟までもN360やフロンテ用の改造パーツを手掛けることになるほどの盛況ぶりであった。N360が誕生したことによって、大小様々な専門店が一気に誕生、増殖した。

　ある者はドレスアップしたクルマを繁華街に並べて〝コンクール〟に興じた。〝コンクール〟といえば少年の私もそれを見に行ったことがある。

　なにかの機会に、学校近くに先輩たちがN360やスバル360で集まっているらしいと聞いて、さっそく偵察に行ったのである。駐車しているクルマは、地面に座り込んだように低く、やけに派手なカラリングに塗り直され、大きな音を発してい

RACING MATE
●プリペアード・プラック
レーシング・メイトの製品によって車がチェーン・アップあるいはドレス・アップされているということを示すプラックです。プリペアード(Prepared)とはPowered, Developpedと同義語です。　ND-030 ¥ 1,700
"PREPARED" PLAQUE
Indicates that your car tuned up by Racing Mate products.
●ホンダN360スポーツ・キット
ヤング・マンの車ホンダN360専用のスポーツ・キットです。ホンダN360ほどスポーツ性に富んだ、しかも安価なツーリング・カーはどこにも見当りません。レーシング・メイトはこの日本では極めてユニークなミニカーをどうしたらもっと楽しく乗ることができるかを考えこのスポーツ・キットを開発しました。

コックピットを例にあげれば、最もグリップの優れたレザー・ステアリング、長時間のドライブにも疲れを感じさせないバケット・シート、見やすく正確なメーター類といったようにどれもドライブすることにより楽しさをくわえたキットばかりです。

さあ、あなたのホンダをより豪華に、より快適に、より安全にそしてよりスポーツ・カー・ライクにしてみようとは思いませんか。

HONDA N360 SPORTS KIT
Fantastic assortment of driving accessories from Racing Mate to give Maximum enjoyable driving of most unique mini-car ever produced in Japan, HONDA N360. The kit includes such fancy devices as comfortable bucket seat for long driving, easy-to-view gauges, most fittable leather steering wheel and likes;

バケットシートや〝ミニライト風〟のホイールカバー、マフラー、メーターなどが紹介されている。（個人蔵）

た。それにはまるでサーキットから抜け出てきたかのような違和感を覚え、制服で横に立つ先輩の姿も場違いに見えた。これに感化された輩もいたようだったが、私は初めはこうした少々やり過ぎた改造車で町を走ることがどうも好きになれなかった。

だが、こうしたクルマの遊び方が盛んになりつつあることは、自宅近くの横浜の繁華街周辺にでも行けば、物見遊山の中学生の私にも容易に理解できた。過激なものから軽度なものまで、様々な改造を施したＮ３６０が集まったその場の雰囲気には、これまで感じたことのないクルマと若い人たちの結びつきが見えた。彼らの多くはＶＡＮやＪＵＮに代表されるアイヴィールックやハマトラのファッションであった。最初は違和感を覚えながら恐る恐る遠巻きに見ていた中学生の私でさえ、見慣れるほどに引き込まれそうになった。

本書を記すにあたって、カメラ小僧だった自分もＮ３６０の路上コンクール・デレガンスの情景

レーシングメイトのスポーツキットはフロンテ用も存在した。（個人蔵）

を写していなかったか探してみたが、どうやら撮影していなかったようだ。子供の私は、雰囲気に圧倒され、カメラを向けるのに怖じ気づいたと思う。

モータースポーツへの誘い

1960年代当時、改造を施したN360で町を行き交っていた者のなかには、それを使ってモータースポーツの世界に足を踏み入れていった強者もいた。私の周囲にもN360やスバル360を思い思いに改造したストリートトレーサーを卒業して、本格的なジムカーナに興じていた先輩の姿があった。そうした〝需要〟の受け皿となったのが、軽自動車を用いた様々なレースで、各地で盛んに行われるようになっていった。

古今東西、今昔を問わず、優れた大衆車は優れたコンペティションカーのベースになってモータースポーツの裾野を拡大する。日本の軽自動車もこ

軽自動車はモータースポーツの底辺を広げることにも貢献した。これは筑波サーキットでのレース。(芳井正敏氏撮影)

の例に漏れなかった。ストック（販売されたままのノーマル仕様）のN360やフロンテを改造する事から始まったこのブームは、そのパワーユニットを用いたシングルシーター（FJやFL500）、2座オープン・レーシングスポーツカーに広がりを見せた。そこから経験を積んだドライバーが、プロとして巣立ち、また

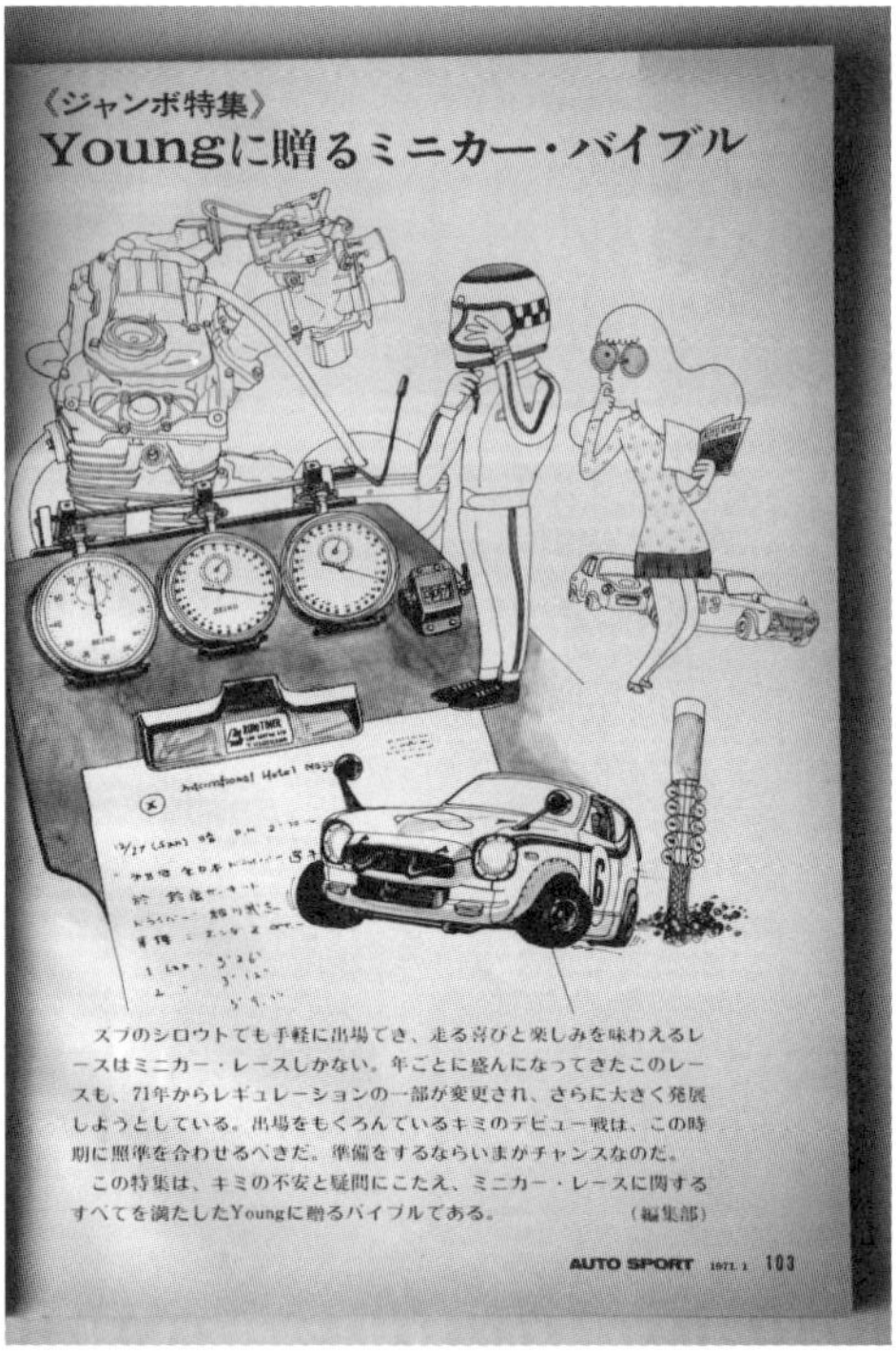

▶『AUTOSPORT』誌1971年1月号に掲載された〝ヤングに贈るミニカー・バイブル〟という特集では、クルマを買うところから事細かに解説してあった。

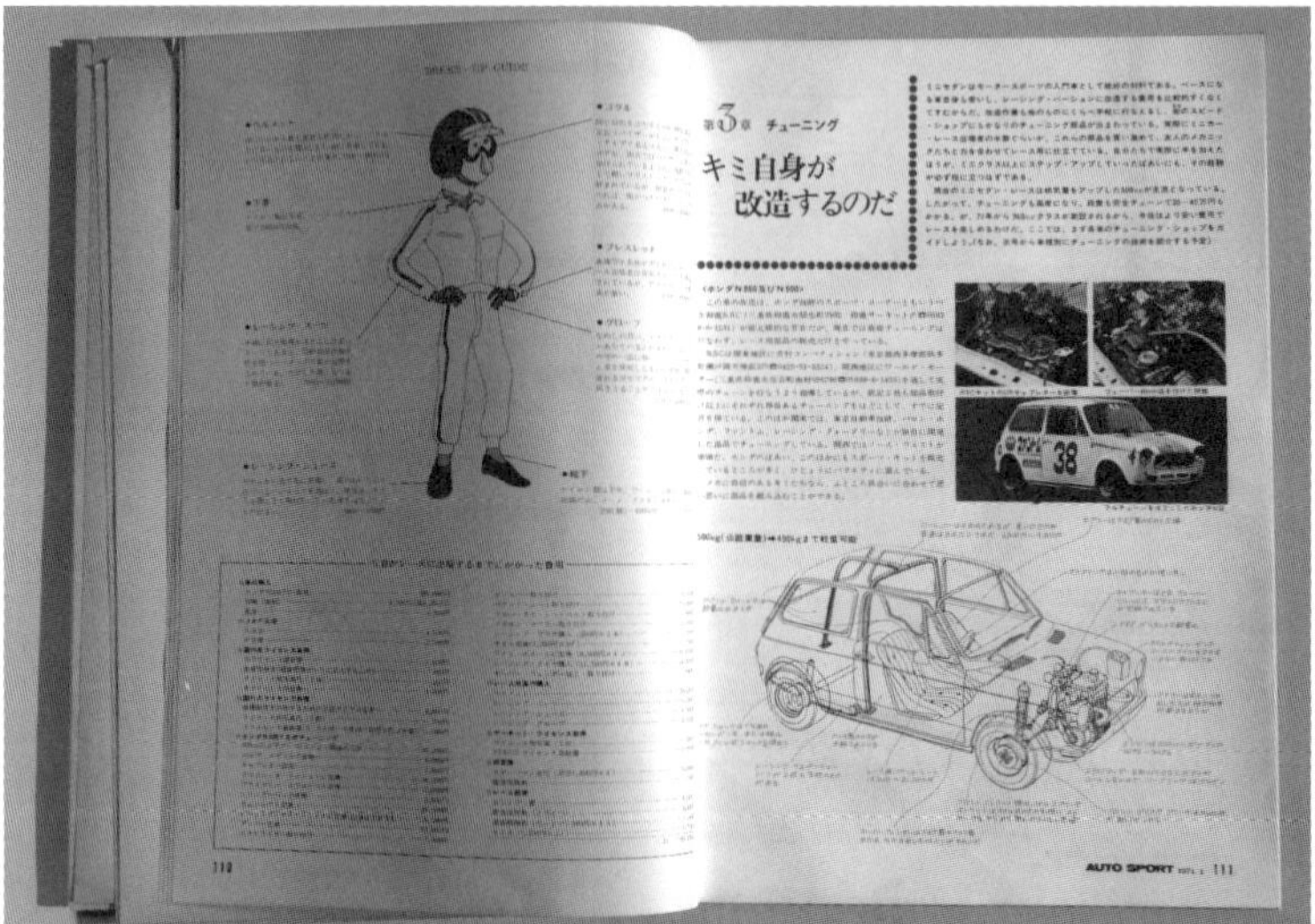

◀『AUTOSPORT』誌1971年8月号に掲載された〝FJ/500ハンドブック〟という特集では、軽自動車をベースにしたフォーミュラカーの作り方について解説している。フレームの構造、サスペンションの仕組みなども詳細に解説している。実際に造ることができずとも、コンストラクター気分に浸れる記事だった。

コンストラクターとして成長した例も少なくない。

自動車専門誌の『オートスポーツ』(三栄書房刊)では、軽自動車を使ったモータースポーツへの参加を呼びかけた。N360など軽自動車や、そのコンポーネンツを使ったマシーンでのレースを目指す読者に向けた特集記事をしばしば掲載し、極めつけとなる『大特集 F-J/500ハンドブック』を1971年8月号の誌面展開している。これを見て、実際に何人が自作した人がいたのかはわからないが、自分でもクルマを造ることが出来るかも知れないと考えた人は少なくないだろうし、自動車設計者やデザイナーの道に進んだ若者もいたことと思う。この私も何度も読んで、自分でレーシング・ス

自動車専門誌も頻繁に軽自動車を取り上げた。軽自動車でのモータースポーツ参加を呼びかけた三栄書房刊の『AUTOSPORT』誌が掲載した記事は秀逸だった。

ポーツカーを造ることを夢見ていた記憶がある。現代の目で見ても、それは優れた内容を持つ楽しめる手引き書なので、もし古書店などで入手が可能なら、一読をお勧めしたい。

若者がクルマ遊びに興ずることに疑問を感ずる大人が多かったことは事実だ。繁華街や広場に集まる〝ストリートレーサー〟のグループに対して、良識ある大人は眉をしかめ、警察が排除している光景にも遭遇したことがある。確かに迷惑もかけていたのかもしれない。だがあえて彼らを弁護すれば、当時の改造された軽自動車は、現代の同類に比べてはるかに速度は遅く、実に小綺麗でカラフルな、ひとつのファッションの形であって、カルチャーとして楽しんでいる者が大半だった。N360には定番のBMCミニ・クーパー・モドキもあれば、スバル360にはポルシェ356風もあったと記憶している。

次章ではN360によって本格的にモータースポーツを楽しんだアマチュアの証言を得ることで、若い人とN360の結びつきを明らかにしてみたい。

第6章　Nから手作りしたFJマシーン、エイプリル

私の周囲には、16歳で軽免許を取得し、N360が初めてのクルマになったという方が何人かおられる。そうした先輩たちを羨ましく思い、その体験談を聞くことは楽しみのひとつになっている。

関西のヒストリックカーイベントで知り合ってから、ずっと親しくさせていただくようになった玉手通雄さんもそうした体験をされた一人だ。神戸に生まれ育った玉手さんは、16歳の誕生日を迎えてすぐにN360でクルマとの生活を始めた。1960年代後半にN360の登場によって火が付いたアマチュアレースと歩調を合わせた、自動車好きにとって理想的な時間を過ごされた。以下、玉手さんご自身にN360との時間を語っていただこう。

N360によってモータースポーツに足を踏み入れた若者も少なくなかった。今回、話を伺った玉手道雄さんは18歳でジムカーナを始めた。

高校生1年の春

自動二輪免許を取ったのは高校1年のとき、16歳の6月のことでした。4月生まれでしたから、同じ学年でもかなり早かったのではないかと思います。

当時はこの免許で自動二輪車と軽自動車に乗れたのですが、とにかくクルマが欲しかったんです。その前から原付バイクが好きでしたが、親は買ってくれないので、小遣いでも買うことができる程度の安いバイクを解体屋から買ってきてはバラして、改造して、完成するとレースのまねごとをしていました。

1967.7.30 HASC グランドオートクロス
2

最初はまったく無改造での参加であったという。これを見ても、標準のクロスプライの白タイヤのままで、ホイールカバーを外した程度だろう。

REXOL
R5
RACING GRADE
日刊スポーツ

その記録は3冊のアルバムに収められていた。

両親ともクルマ好きで、父は取引先から譲ってもらったとかいう古いルノーに乗っていました。どんなモデルだか、記憶には残っていないのですが、相当に古いクルマだったと思います。でも父よりも母のほうがクルマを好きだったのかもしれません。母はまだ女性が運転免許を取ることが珍しかったころに免許を取って、89歳で亡くなる1年前まで、父が亡くなってから自分用に買ったジャガーに乗っていたくらいです。

そんな両親でしたから、私が16歳で自動二輪免許を取ってきて、N360が欲しいと言ったときも、（バイクでなくて）クルマならいいだろうと理解してくれ、兄と一緒に使うことを条件にN360の新車を買ってもらいました。それはそれは、嬉しくてしかたがなかったですね。

最初は、親との約束を守って兄と二人で交互に乗っていましたけれど、私はモータースポーツに使いたくてしょうがなかったので、すぐに私の専用車になってしまいました。兄は仕方がないと諦めてくれたのでしょうね。私もそうなんですが、兄は写真が好きで、私がレースに出るときには、スチールだけでなく8㎜カメラを持ってサーキットに来てくれましたから、私のレースシーンは豊富に残っています。カラーフィルムで撮影したN360のレース動画などは、なかなか観る機会はないでしょう。

高校生でジムカーナ出場

本心はレースがしたかったのですが、高校生には資金をはじめ、あまりに敷居が高すぎたので、まずジムカーナから始めることにしました。ジムカーナから入門するのは、当時、レースを志す手段としては普通のことだったと思います。

その頃は、小型車ではレースもラリーもミニ・クーパーSの全盛時代ですから、これを真似してアイボリーホワイトのN360を買って、ルーフを黒に塗って外観だけでもそれらしく決めました。でも、親に援助してもらえるわけもないので、改造する資金はありません。黒いルーフ以外はノーマルのまま、タイヤも標準の白いリボンのクロスプライのままで、ジムカーナに出場し始めました。

最初に手に入れた改造パーツはよく覚えています。シビエのヘッドランプで有名になる以前の、SSリミテッドが作っていたレース用のスプリングキットでした。これでグッと車高が下がって格好もそれらしくなりましたね。それからタコメーターを付けました。モータースポーツ好きにとって憧れの永井電子製、ウルトラ・タコメーターでした。

ジムカーナでもロールバーはどうしても必要ですが、これは買うとけっこう高いので、見よう見まねで、兄の友人がやっていた鉄工所で作ってもらいました。

クロスプライ・タイヤではすぐに物足りなくなり、レース用が欲しくなったのですが、新品は高くてとってても買えません。どうしたものかと困っていたら、ジムカーナで知り合った参加者からブリヂストン製の〝H〟レーシングタイヤの中古を戴けることになりました。N360は車重が軽いし、パワーも少ないから、タイヤがちっとも減らないので、これは長く使っていました。N360は経済的なレーシングマシーンなんですよ。

N360から学んだ

地元の関西のイベントだけでなく、関東にも遠征して、当時はジムカーナの中心地だった大磯ロングビーチにも参加しました。

高校生なので、とにかく資金不足でしたから、整備や改造はなんでも自分でやらなければならならず、これでずいぶんクルマの構造を覚えました。

当時、N360のレースでは、排気量が標準の360ccのままのノーマルクラスと、それ以上の排気量のクラスがあったのですが、経験を積んでいくうちに私も上級クラスへの参加を計画するようになりました。Nの排気量を拡大する一番手っ取り早くて一般的な方法は、バイク

ジムカーナを経て鈴鹿サーキットでのレースへと駒を進めた。エンジンの排気量拡大なども、可能な限り自分でやるようにしたという。

のCB450のピストンを入れることです。

よく知られていることですが、N360のエンジンはCB450から派生したものです。その部品はホンダの販売店で簡単に手に入りましたし、純正部品ですから、価格もそう高いわけでもなかったのです。

N360のエンジンはCB450のボアを縮めて排気量を小さくしているだけなので、N360もストロークは同じです（著者註：CB450はボア70・0㎜×ストローク57・8㎜の444cc、N360のボアは62・5㎜で354cc）。ボアの拡大は簡単なんですが、CB450のピストンをそのまま使うと、（下死点で）スカートのところがクランクシャフトに当たってしまって、そのままでは組み込めないのです。


アルバムはきちんと整理されている。中には笑顔でトロフィーを掲げた雄姿もある。

カーショップで売っているボアアップキットは値段が高いのですが、そこのところがすでに加工済みで、すぐに使えるんですね。私は迷わず安い純正部品を買って、スカート部分を当たらないようにヤスリを使って自分で削りました。2個のピストンの重量が変わらないように量りながらキッチリと削るんです。工作も好きですから、これは面白いチャレンジでした。

１９６９年には鈴鹿サーキットのレースに出場することになったのですが、５００ccが全盛でしたから、４５０ccではまったく歯が立ちません。そこでさらに排気量を拡大することにしました。

Ｎ３６０の排気量を大きくしたＮ６００Ｅというモデルがありましたよね。あのエンジンのボアは74㎜なので、そのピストンを使うと、ストロークを変えなくても５００ccになるんです（著者註：Ｎ６００は74・０×69・６㎜から５９８・７ccを得ているので、74・０×57・８㎜で４９７・２cc

になる)。

この作業も、前回と同じで、ディーラーで買った純正ピストンの改造で済ませました。ピストントップを低めたり、スカートを切ったり、それからクランクにも改造が必要など、450ccに拡大したときよりも手間が掛かるのですが、これもすべて自分でやりました。

木村さんのアドバイス

ロールバーは鉄工所で作った自己流のものでは鈴鹿のレースには使えないし、サスペンションも交換しなければならなかったので、これらは鈴鹿サーキットの脇にあった有名な(ホンダ)RSCで組み付けてもらいました。ホンダ・ユーザーのためのレース支援組織ですね。RSCのパーツなら鈴鹿を走るのにぴったりでしょうし。その時、RSCの木村(昌夫)さんと知り合って、いろいろアドバイスを戴きました。

ある時、自分で改造したエンジンの調子がなかなか出ないので、困り果てて、プラグの焼け具合を見てもらったのです。すると木村さんは一目見るなり「ああ、これじゃダメだ」と、奥の倉庫からレース用の新品プラグを2本出して来て、「これ使いなさい」とくださったこともありました。木村さんには本当にお世話になりましたねえ。今でも感謝しています。

右ページ:鈴鹿サーキットに隣接したRSCのファクトリーの様子。S800のエンジンを搭載したブラバム・シングルシーターが見える。玉手さんもサスペンションなどの必要なパーツはRSCで入手した。手前の黒い屋根は玉手さんのN360。

鈴鹿といえば『オートスポーツ』誌の１９６４年３月号に、浮谷東次郎さんが記した鈴鹿サーキットの走り方をレクチャーした記事があって、これは何度も読みましたね。

今ではＪＡＦのホームページで調べると、ちゃんと私の過去のレースの結果が出てくるんです。最近になって長男が知らせてきてくれたんですよ。初出場したのはＪＡＦの記録に残っている１９６８年６月30日の全日本鈴鹿自動車レース大会で、Ｍクラスで４位に入っています。69年は幸先がよくて、２月23日の関西クラブ連合レースの第１戦で優勝したんです。この年は４戦に出ています。

ＦＪを自作する

Ｎ３６０でレースをしていましたが、

◀完成した1号車。玉手さんが4月生まれであることから、エイプリルと命名した。1号車のボディはアルミを板金して造った。

▼最高位が2位とアマチュアが自作したクルマとしては優れたものであった。

同じ頃、市販車レースのほかにもN360やフロンテの軽自動車のエンジンを使ったフォーミュラカーのレースが、ちょうど始まりました。たちまち盛んになって、これはいいなあと思いましたね。

子供の頃からずっと物を作るのが好きで、解体屋で買ったバイクもたくさん改造したし、N360もずいぶん自分で改造したので、それなら今度は自分でFJを作ろうと決めました。関西にはグランプリ・スピードショップという店がありました。その工場の片隅を借りて、S800をベースとしてマクランサが組み立てられていたのですが、そこが私の憧れの場所でしたから、自分でも

▲1号車に引き続き製作した2号車。ボディはFRP製になった。

フレーム用の鋼管は友人の父君から戴いたもので、パワートレーンはレースで使っていたN360から取り外した。

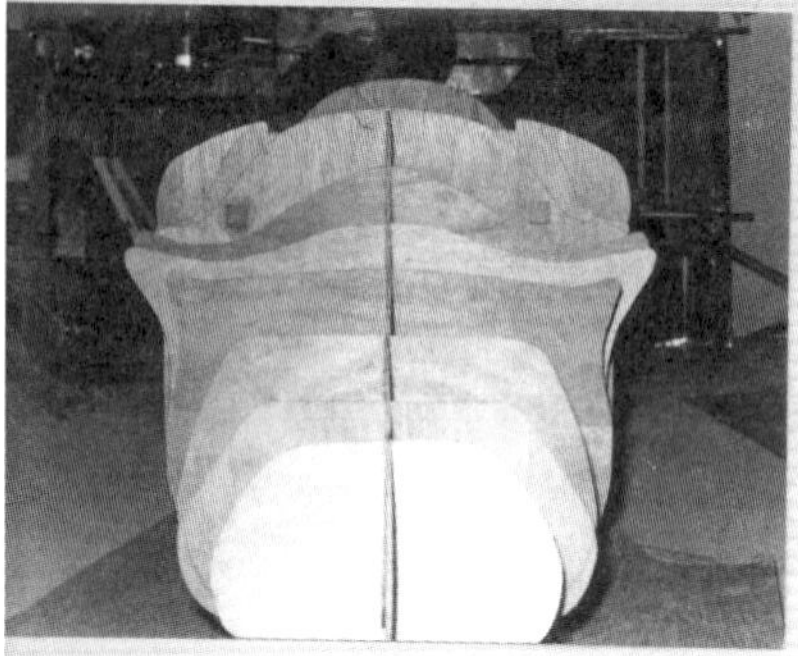
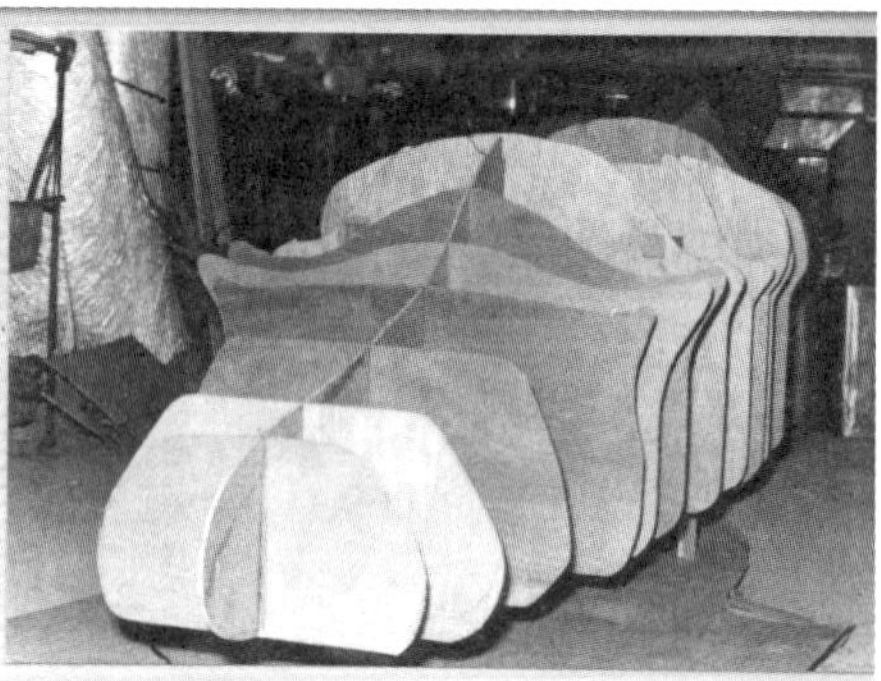
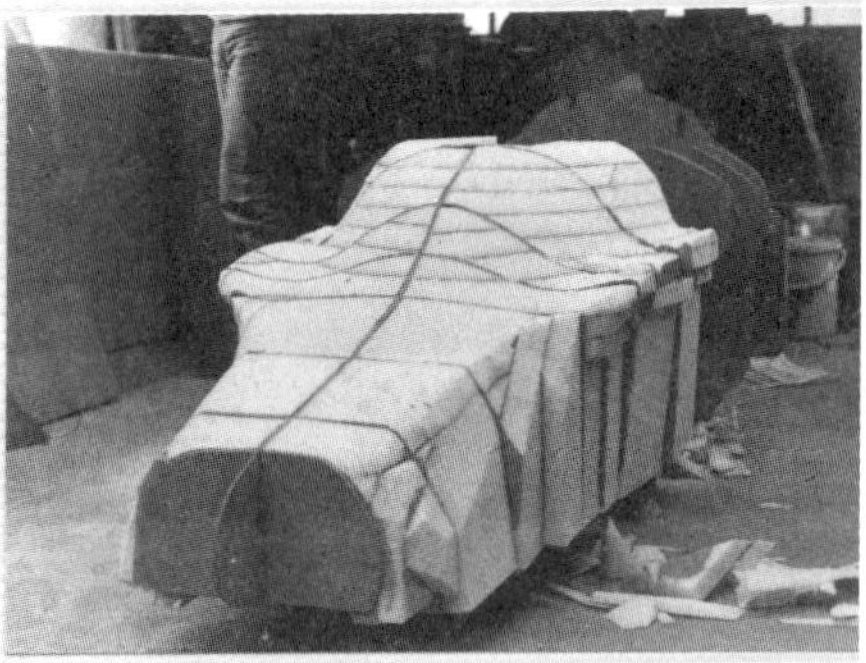
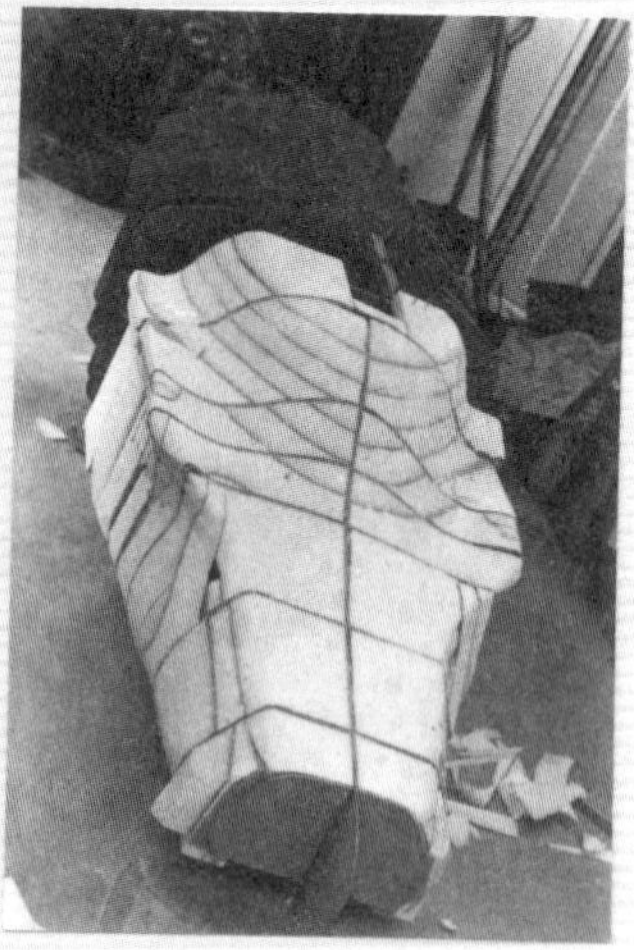

軽自動車のコンポーネンツを使ったフォーミュラカー・レース（FJ／FL500）が盛んになると、玉手さんと友人は自分たちで1台を造ることにした。これはボディのモールドを造っている様子。こうした過程もアルバムに残されている。

クルマを作りたくなったんです。将来はカロッツェリアをしたいと、そう思っていたくらいです。

工場は我が家のガレージで、仲のいい友人も加わっての作業になりました。この友人は大学を卒業してからホンダに入ってしまいましたから、なんか面白い縁ですよね。エンジンやギアボックスは私が乗っていたN360から外して、理想のFJを完成させることにしたんです。作業を始めたのは1970年の6月14日に鈴鹿であった東京クラブ連合レースのあとでした。鈴鹿サーキットなのに、東京クラブ連合レースというのも面白いでしょ。このレースではMクラスで5位でしたっけ。これが終わってからFJ製作に取りかかりました。

手作業で完成したFRPボディ

シャシーを作る材料の鋼管は、ちょうど友だちの親に総合商社の偉いさんがいて、私たちの計画を聞いたら、これを使いなさいとトラックに一杯のパイプを運んできてくれました。どれも良質の材料だったようです。

ボディももちろん自分たちで作りました。1号車はアルミ板を自分たちで板金して作りました。なかなかいい出来映えでしたが、この1号車は友人がレース中に鈴鹿のスプーン・コーナーでクラッシュして壊してしまったんです。すぐに2号車を作ったのですが、この時はFRPボディに挑戦しました。

模型のUコン飛行機をバルサを使って自分で作っていたことがありましたから、その経験を活かして、まずベニア板でセクションを作って、それにウレタンを流し込んでオス型を作りました。マクランサを作っていたのを見て勉強していましたから、本格的でしょ。

クルマはエイプリル（APRIL）と名付けました。イギリスで、ロビン・ハードやマックス・モズレーたちが、レーシングカー・コンストラクターの「マーチ」を作ったのをもじって、私が4月生まれだから、エイプリルにしようかって。ドライバーは自分で務めました。

デビューレースは10月18日に鈴鹿であった東京クラブ連合レースで、この時は6位でした。その次が11月3日の全日本鈴鹿自動車レース大会で、この時はなんと2位です。1971年は8月22日の鈴鹿グレイト・ドライバーズ・レースに出場しました。大物ドラ

イバーがたくさん集まったメインレースのサポートレースに、ＦＪもあったんです。ＦＪレースが最も盛んになった時代ですね。「ここでは15位でした。ＦＪのレースはこれだけだったかな。アマチュアが作ったクルマにしては結果は良かったと思いますよ。

今更ではありますが、友人達や多数の方々に本当にお世話になりました。あらためて御礼申し上げたいです。ＦＬの製作や鈴鹿サーキットへトラックで行ったり、ピットでタイムを計ってもらったりと楽しい思い出です。

そして現在。最近、Ｎ３６０の中古車を手に入れ、ヒストリックカー・イベント用にレース仕様を製作中だ。「仕事が忙しいから、今度ばかりはプロに任せました」

再び、原点Nへ

その後はレースを止めて、大学を出てからは家業の会社で働き始めました。愛車のN360がFJになってしまったんで、その学生時代は足にS600やS800の中古を乗り次いで、その後社会人になってからも、いろいろなクルマに乗りましたが、考えてみると、新車で買ったのは（正しくいえば「買ってもらった」んですが）、N360だけなんですね。あとはみんな中古車だったなあ。

中古車といえば、最近、N360の中古をインターネットを利用して買って、レーシングカーを作っているんです。まだまだオーバーヒート対策やファイナルの変更とか、やることはいくつかあるんですが、今日も工場には夕方に見に行くと連絡してあるんです。

完成したら、ヒストリックカーレースに出るつもりです。今までアルファ・ロメオ・ジュリエッタ・ヴェローチェでユーロカップに参加していましたが、還暦も過ぎたし、原点に戻って、N360でレースをしてみようかと思ってね。

玉手通雄（たまてみちお）氏

1949年大阪市生まれ。神戸市在住、甲南大学経営学部卒。大阪市北区で家業の商事会社を兄と継いでいる。物の作りと自動車やバイク好きはやはり学生時代に自動車免許を取得した父親譲り。子供の頃イタリアのカロッツェリアに憧れてレーシングカーやスポーツカーを作りに行きたかった。還暦になって、高校生の頃憧れていたアルファ・ロメオ・ジュリエッタ・スプリント・ベローチェでたまに草レースを走っている。

第7章

N誕生までの背景——国民車構想とホンダ

ここまで、弾けるようなフレッシュさでNがデビューしてから、若者の支持を得、彼らと共に成長してきた姿を紹介してきたが、はたして若者のためのクルマが登場するまでの日本の自動車界はどのようなものだったのだろうか。その背景として、戦後の日本にモータリゼーションが定着するまでを追ってみる。

国民車構想で近づいた〝マイカー〟

1955(昭和30)年に通商産業省(現:経済産業省)が提唱した国民車育成要綱(通称:国民車構想)は、日本のモータリゼーションにとって、重要なひとつの転機となった。

国民車育成要綱とは、庶民にも自家用車を普及させようとの意図で、当時の川原晃重工業局自動車課技官らがまとめた試案のようなものであった。だが、新聞がスクープとして報道したことによって、全国に一気に広まり、期待を込めて人々の口に上るようになった。ここに示された国民車の姿とは以下のようなものだ。

1960年に登場した三菱500は軽自動車よりひと回り大きな小型大衆車で、空冷OHV直列2気筒の493cc、21PSエンジンを搭載した。(三菱自動車)

（1）乗車定員4人または2人で100kg以上の荷物が載せられること。
（2）最高時速100km以上および時速60km（平坦な道路）で、1リットルの燃料で30kmの走行が可能なこと。
（3）エンジン排気量350cc〜500cc、車重400kg、価格は月産2000台で25万円以下。

この要件は、年収程度の値段で必要充分な性能を持った国民車のイメージといえるが、当時の日本の工業力ではまだ実現不可能な課題であった。

だが、当時の人々にとってこの要件による国民車生産が実現可能であるか否かは重要ではなかった。上向きはじめた経済状況の中で、人々が戦後の開放感を謳歌できるようになった時期

1961年にトヨタが発売したパブリカは、使いやすく、効率のよい小型車大衆車として設計された大衆車だ。専用設計の空冷水平対向2気筒700ccエンジンを搭載し、38・9万円という低価格が評判となった。（トヨタ自動車）

▲1958年に登場したスバル360は、人々が待ちに待った国民車であった。（富士重工業）

◀日産の小型車、ダットサン・セダン。本田宗一郎社長は、「居住性の問題からダットサン程度が最小」と考えていたようだ。（日産自動車）

に、国民車構想が明らかになったことが意義深い。つまり人々に自家用車を持つ夢の実現が可能であることを実感させたところに大きな意味があった。

国民車構想の発表は、メーカーの小型大衆車開発の背を押すことになった。

富士重工は1958年3月に軽自動車規格のスバル360を送り出している。価格は42万5000円（発売時）と、国民車構想の2倍ちかくになったが、性能的にはそれを凌駕する秀作であった。また1960年4月に登場した三菱500も同構想に触発された小型大衆車であったことは間違いないし、1962年6月にトヨタから発売されたパブリカも、誰にでも使いやすい安価な国民車を目指していた。さらに国民車構想が明らかになってから間もない1955年10月に登場したスズライトもその範疇に入るだろう。

ここで国民車構想が明らかにされた1955年の日本の自動車状況を俯瞰してみよう（ちなみに当時の大学卒業者の初任給は1万2000円ほどであった）。

同55年、東京・日比谷公園で開催された第2回全日本自

1955年に登場したトヨペット・クラウン。トヨタが独力で開発した日本の国情にあったクルマとして高く評価された。（トヨタ自動車）

動車ショウには、232社から191台の車両（四輪車は数えるほどで、大半は二輪車であった）が出品された。ニューモデルとしては、日産から小型乗用車のダットサン110、トヨタからはトヨペット・クラウンという、2種の重要な戦後型乗用車が登場している。12日間にわたる会期中の来場者数は、対前年比20％増の約78万5000人に達した。

　国民車構想が明らかになった1955年は、その前年から始まった〝神武景気〟と呼ばれた好景気の時期であった。景気の高まりに背を押されて、1955年にわずか7万台（乗用車2万台）であった国内自動車生産は、1957年には18万台（同5万台）へと躍進し、庶民が自家用車所有の夢を抱く土壌ができつつあった。その後、1960年には48万台（同17万台）、翌61年には81万台（同25万台）へと急伸長したのである。

◀日産セドリック2800。日産はオースティンのノックダウン生産を経て、1960年2月に完全な自社開発であるセドリックを発表した。1962年東京モーターショウでは、3ナンバーサイズに大型化したボディに直列6気筒ℓ OHV、115PSエンジンを搭載したセドリック・スペシャルを参考出品した。（日産自動車）

▶マツダ・キャロル。東洋工業（現：マツダ）が1962年に発売した。軽自動車ながら4ドアセダンであった。360㏄ながら、水冷4ストローク直列4気筒OHVのアルミシリンダーユニットを、リアに投資して後輪を駆動した。排気量を600㏄に拡大した小型乗用車規格のキャロル600も存在した。（マツダ）

本田社長が考えた四輪車像と軽自動車計画の発端

それでは、当時すでに世界に冠たる二輪車生産会社に上り詰めていたホンダが考えていた四輪車像とはどんなものだったのだろうか。

本田宗一郎社長が考える大衆車の姿が明らかにされたのは、１９５８年2月に発行された『ホンダ社報』28号であった。

ここで本田社長は、クルマを小型化しても乗車する人間の大きさは変わらないと前置きしたうえで、「居住性の問題からダットサン程度が最小」としている。このダットサンとは、発言の時期から判断して、初の戦後型であるダットサン１１０型であると考えられる。

さらに『ホンダ社報』１９５９年3月発行号では軽自動車についてその考えを明らかにしている。

トヨタ・パブリカ・スポーツ。小型大衆車のパブリカの空冷水平対向2気筒エンジンとそのコンポーネンツを使った試作車。小型航空機を思わせるスライド式のドアを備えている。この小型軽量スポーツカーのコンセプトはトヨタ・スポーツ８００として開花した。（トヨタ自動車）

そこでは、〝既存の軽自動車は日本の道路に適していない〟とし、「その理由は馬力がないからで、馬力は感情を支配するものであり、馬力がないと加速やスピードが出ず、走っていても追い越しができないため事故が多い原因になる……」と語っている。このふたつの発言から、将来、自社で製作するであろう、軽自動車に求める重要な要素として、〝高い居住性と高出力〟を挙げていたことがわかる。

一方で、本田社長は、『ホンダ社報』50号（1959年12月発行）の中で、「自動車は十二分の検討をし、性能においても、設備の点においても、あらゆる点で絶対の自信と納得を得るまで商品化を急ぐべきではない」として、国民車構想が明らかにされたことで始まった小型大衆車市場への参入は、自社にとって時期尚早だと慎重な姿勢を示している。

だがホンダも国民車構想に関心を持ったことは間違いなく、それに沿った試作車、XA―170を手掛けている。白子工場内に新設された技術研究所には、1957年末から1958年にかけて約50人の中途採用者が入社し、1958年9月には四輪開発のための組織である第三研究課が発足。ここがその後のホンダにおける四輪車開発の起点となった。XA―170は第三研究課が最初に手掛けたものであった。

前述したように、ホンダ社報50号（1959年12月発行）の中で、「あらゆる点で絶対の自信と納得を得るまで商品化を急ぐべきではない」と本田社長は慎重に述べているが、すでに１９５８年中頃から着々と将来に向けてのリサーチが進んでいたことになる。

ＸＡ－１７０は１９５９年1月に完成した。エンジンはアルミニウム製の４ストロークV型４気筒ＯＨＣの強制空冷型で、前輪を駆動し、車体にはセミモノコック・ボディを採用、サスペンションは前・後輪ともダブルウィッシュボーン式の独立懸架式であった。

ＸＡ－１７０でのテストを行なう過程で、本田社長からのスポーツカー開発の指示を受け、１９５９年秋に2座オープンカーのＸＡ－90が完成。一方、藤沢武夫専務からの指示によって軽トラックの試作車であるＸＡ－20が１９６０年夏に完成し、その後、２ＸＡ－20、３ＸＡ－20と開発が続けられた。軽トラックの開発に軸足が置かれた理由は、四輪車の大きな需要が商用車にあることに加え、ホンダが持つ二輪車の販売網を意識してのことであった。

特振法による参入の壁

こうして四輪車事業参入への準備に入ったホンダに危機感を抱かせたのが、１９６１年5月に通産省が示した自動車行政の基本方針（後の特定産業振興臨時措置法案、通称：特振法）であった。１９６３年春を目標とする貿易自由化に備え国際競争力の弱い乗用車、特殊鋼、石油化学の３業種に対して産業構造の強化を意図したもので、自動車会社の統廃合や新規参入の制限を前提としていた。したがって、この法律が施行されると、ホンダの四輪生産への参入が閉ざされることになる。本田宗一郎がこれに対して激しい反対の声を上げたのは当然のことであった。

反対活動と同時に、法案成立までに四輪車の生産実績をつくる必要に迫られることになった。1962年1月には技術研究所に対して四輪車制作の指示が出され、建設途中の鈴鹿サーキットで同年6月5日に開催される第11回全国ホンダ会総会（通称：ホンダ会）に四輪プロトタイプとして発表することが決まった。ここで軽四輪スポーツカーのS360（AS250）と軽四輪トラック（AK250）が公開された。

▲1962年の東京モーターショウでデビューした三菱の軽自動車、ミニカ。乗用車らしい3ボックスのデザインが特徴的だった。（三菱自動車）

▶1964年に発売されたマツダ・ファミリア。800ccの4気筒エンジンを搭載する。（マツダ）

モーターショーでホンダ・スポーツ、デビュー

1962年は日本のモータリゼーションにとって大きな節目となる年であり、それを象徴するのが10月25日から東京晴海の国際貿易センターで開催された第9回全日本自動車ショーといえよう。13日間にわたる会期中の入場者数は初めて100万人の大台を超え、モータリゼーションへの関心の高まりを予感させた。

ショー会場では各社の重要なモデルが誕生した。大きいものでは2800ccエンジンを搭載した日産セドリックから、軽自動車まで多岐にわたるモデルが会場に並んだ。軽自動車ではマツダ・キャロル（アルミ製シリンダーを

▲ホンダT360。ホンダにとって初の四輪生産車は、この軽トラックだった。ホンダS360は市販化されなかったが、そのDOHC4気筒360ccエンジンはこのトラックに搭載された。排気量を500ccに拡大したT500も存在した。（本田技研工業）

▶スズキ・フロンテ800。軽自動車を手掛けていたスズキがこのモデルで小型車にも進出した。エンジンは2ストローク3気筒で、前輪を駆動した。（スズキ）

持つ4気筒エンジンを搭載）、スズキはフロンテ360、三菱がミニカを発表した。1000ccクラスの試作車のうち、マツダ1000は、のち1964年にファミリア（800cc）として、スズキの試作車は1965年のフロンテ800として発売された。1・5～2リッタークラス級にも活発な動きがあったが、マイカー需要を見据えた小型車が登場したのは大きな話題となった

　中でも最も注目されたのは、世界中の二輪車市場を席巻していたホンダが送り出した初の四輪車となる2台の超小型軽量スポーツカー、スポーツ360と500であった。同社の二輪GPマシーンさながらの精密な4気筒DOHCエンジンを備えた。2種のうち、より注目を浴びたのが、普通車より手が届きやすい軽自

1962年東京モーターショウで公開されたホンダS360は大きな注目を浴びた。（片岡秀之氏撮影）

動車の規格のＳ３６０だった。

もうひとつ、熱い視線を浴びていたのがトヨタのパブリカ・スポーツだ。大衆車のパブリカの水平対向２気筒エンジンを搭載した空力的な２座スポーツクーペであった。なによりの特徴は、通常のドアはなく、小型飛行機のようなスライディング・ドアを備えていたことだ。

パブリカ・スポーツは純粋な試作車であったが、ホンダの２台は、本田技研工業が三重県鈴鹿に建設中だった、鈴鹿サーキットの完成（９月）直後という絶好のタイミングでショーを迎え、明日にも発売されそうな現実感があった。軽自動車でありながら、いかにも二輪の世界グランプリを席巻していたホンダらしいＤＯＨＣ４気筒エンジンを搭載するスポーツカーの存在に、会場に集まった〝マイカーユーザー予備群〟は大いに胸を熱くしたことだろう。

この年の日本の国内自動車生産台数は１１３万５０００台（対前年９％増）でうち、乗用車生産は26万８７８４台（対前年比１０７・７３％増）で、うちわけは約21万台が四輪乗用車、四輪トラックが約45％、軽自動車が31・８万台であり、まだ乗用車普及率は人口１０００人あたり９・４台に過ぎなかった。

初の生産車、軽トラックＴ３６０

１９６２年の第９回全日本自動車ショーでの一般公開後にまず市販化された

藤沢専務は〝商売になる〟商用車を望み、Ｔ３６０が誕生した。（本田技研工業）

のは、軽トラックのT360（1963年8月発売）であり、これがホンダにとって記念すべき初めての四輪生産車となった。すなわちホンダにとっては軽自動車が四輪生産の原点である。また、今年2013年が同社にとって、記念すべき四輪生産50周年の節目になるというわけだ。

T360と同時に第9回全日本自動車ショーで公開されたS500の生産型は、発売に先だって価格当てキャンペーンという大胆な事前告知を実施、発売時期は同年10月と告知された。だが、発売前から鈴鹿サーキットでサーキット・レンタカー事業を開始したものの、1963年中の正式販売には至ることなく、翌1964年64年2月1日にS500の進化型であるS600とともに正式発売された。

本田宗一郎社長は初の四輪車に〝赤が似合うスポーツカー〟を望み、藤沢武夫専務は商売になるトラックを望んだため、実用車とスポーツという両極の生産となったのである。2台のスポーツのうち、S360の市販化は結果的に見送られたが、その〝高性能な軽自動車〟とい

そして〝赤の似合うスポーツカー〟として、1964年にS500が発売された。（本田技研工業）

N360のコンポーネンツを使ったキャブオーバー型トラックのTN360とLN360が載った商用車カタログ。（本田技研工業）

N360をベースにした商用車のLN360。テール部分がN360に比べて垂直に近くなり、大きなテールゲートを備えた。商用車ゆえに後席は狭かったが、ハッチバックで使い勝手はよかった。ホンダ・コレクションホールに収蔵されている。

うスピリットは、後年に赤が似合うN３６０に繋がっていく。

晴れて生産化されたS５００／S６００とT３６０だが、どちらも大きな市場を獲得できる量販モデルではなかった。しかしながらこの3台は、世界市場を席巻する二輪車メーカーが四輪車生産に進出したことを告げる大きな告知効果を持っていたのは事実である。それとほぼ時を合わせるように、ホンダは１９６４年シーズンの西ドイツ・グランプリからF１世界選手権への参戦を開始した。スポーツのイメージとホンダの結びつきは決定的なものとなった。

Nに受け継がれたスポーツイメージ

S３６０というホンダの軽スポーツカーに強く感化され、ホンダに目を向けるようになった人々が、実際にマイカーを購入する環境が整ったとき、注目していたホンダから発売されたN３６０を選ぶのは自然な行動といえよう。マイカーとしての初期投資が少ない軽自動車は現実的な選択肢であり、そこにホンダが投じた、S３６０と同様に赤が似合う高性能な軽自動車は大いに魅力的であった。

私は１９６２年東京モーターショーで公開されたS３６０から伸びる赤い糸がN３６０に繋がったのだと思えてならない。S３６０は生産化されることはなかったが、立派に将来のホンダにおける軽自動車市場の開拓に貢献したのである。

結果的にホンダの四輪車開発の背を押したことになる特振法は、１９６４年１

月の第46国会でも成立せず、廃案となった。これでホンダは心置きなく自動車生産が可能となった。

四輪車生産を始めたばかりであったホンダが、いずれ手掛ける大量生産モデルの前段階として、T360とS600によって四輪生産のノウハウ（と設備）を蓄積していったのは間違いないだろう。

そして、さらなる市場拡大の担い手としての使命を託したのが1966年に発表したN360であった。ホンダにとって、販売競争が熾烈である小型乗用車（大衆車）市場に参入するには大きな投資が必要であり、その投資の場を今後の成長が見込まれる軽自動車市場としたのは必然的な選択であった。

当時の軽自動車の排気量制限は360cc以下であったから、エンジンには二輪生産で培った技術が展開できる。なによ

N360のカタログから。走りの良さが強調されている。（本田技研工業）

り全国隅々にいたる二輪販売店網を構築していたホンダにとっては、二輪車の延長線上にある機構と寸法を持つ軽自動車が好都合であった。ホンダはこうした販売体制を強化するため、各地に整備を専門に行なうSF（Ｓｅｒｖｉｃｅ Ｆａｃｔｏｒｙ）を設け、アフターセールスの拠点を作っていった。

N360は1966年の東京モーターショーでの一般公開後、1966年12月15日、20紙の全国主要新聞に発売時期と価格を明らかにした1ページ大の広告が掲載された。その内容は、各紙の性格、購読読者層、地域性などの要素を考慮して、5種を用意するというきめ細かいものであった。注目の価格は31万3000円（〝狭山工場渡し〟、工場での納車価格）、東京地区価格が31万5000円と既存の軽自動車に比べて数万円（別表参照）低く、発売時期は2月と記されていたが、スケジュールはこれより遅れ、1967

全国完全ネットを誇るホンダSFがサービスを行います
HONDA SF
ホンダSFは、ホンダ販売店の専属サービス工場です。ホンダと同じ高い技術と、最新の設備を駆使してサービスと整備に当ります。どこでお求めになっても全国ネットのホンダSFをご利用になれますから、あとあとまで安心です。なお、SFでは、馬力、加速、最高速度を一度に測定するホンダ独自のシャーシーダイナモから、車の安全を保証するためのテスターまで、高度の機器類を備え、厳密な科学システムのもとに診断と整備に当っています。
HONDA
本田技研工業株式会社

ホンダは整備を担当するSFを全国に設置した。これはN360のカタログの裏面に掲載されたSFの紹介。（本田技研工業）

年3月に発売された。Nの発表された1966年は後年になって〝マイカー元年〟と呼ばれる、日本の自動車史に残るマイルストーンとなる。

1967年6月には商用ライトバンのLN360を発売、同年10月にはピックアップ・トラックのTN360を発売して、ここに3種から構成されるN360シリーズが完成した。

待望の3C

ここでN360が誕生した前後の、日本の経済と自動車工業の状況をもう少し詳しく見てみることにしよう。そうすることでN360のヒットの背景がよくわかる。

第二次大戦後の日本経済が上向いたのは1955年からで、1970年にかけて神武景気、岩戸景気、いざなぎ景気と好景気を重ねながら、驚異的な成長を遂げていった。先進諸国の年平均名目経済成長率は6〜10%の範囲にあったというが、この間の日本は15%と突出していた。1969年以降には、GNP（国民総生産）でアメリカに次いで第2位となった。それは15年間で経済規模が4・4倍に達するという躍進ぶりで、名実ともに経済大国となった。

勤労者所得の上昇に連動して個人消費が拡大、〝三種の神器〟と呼ばれる高額な耐久消費材（白黒テレビ、電気冷蔵庫、電気洗濯機）が普及した。さらに人々は次なる三種の神器を求めるようになった。新たな羨望の的となった神器は〝３Ｃ〟、すなわち、カー（自家用車）、クーラー（まだエアコンという言葉は一般的でなかった）、そしてカラーテレビである。

　自動車の販売台数、とりわけ乗用車販売が急速に増加したことを数字で明らかにしてみると、１９６５年には約59万台であったものが、５年後の１９７０年には約２３７万台と、およそ４倍にも成長したことがわかる。国内の自動車保有台数を見ると、１９６５年に６３０万台であったものが、２年後の１９６７年には１０００万台を超えた。生産台数では、１９６５年の１８８万台が２年後の１９６７年には３１５万台に、翌１９６８年には４００万台を超えた。

	特記事項
	1967 年 4 月発売。初代は 1962 年 3 月発売のスズライト・フロンテ TLA 型。
	1958 年発売。発売当初は 16PS/4500rpm。
	商用車の経験を活かして乗用車に参入。
	発売当初は 1 グレード。
	1960 年 30 万円で発売、後席は子供用程度。
	1962 年発売。4 ドアボディを用意。
	1962 年発売。軽商用車から派生。

ダイハツ・フェロー

三菱ミニカ

軽各モデルの比較

車名	価格（万円、東京地区）	エンジン形式	最高出力（ps/rpm）	最大トルク（kg-m/rpm）
スズキ・フロンテ 360	32.2~37.7	空冷直 3/2 ストローク / 後置	25/5000	3.7/4000
スバル 360	37.1~42.9	空冷直 2/2 ストローク / 後置	20/5000	3.2/3000
ダイハツ・フェロー	32.0~38.5	空冷直 2/2 ストローク / 前置 / 後輪駆動	23/5000	3.5/4000
ホンダ N360	31.5	空冷直 2/4 ストローク / 前輪駆動	31/8500	3.0/5500
マツダ R360 クーペ	33.5	空冷 V2/4 ストローク / 後置	16/5300	2.2/4000
マツダ・キャロル 360	38.5~43.0	水冷直 4/4 ストローク / 後置	20/7000	2.4/3000
三菱ミニカ	34.5~37.8	空冷直 2/2 ストローク / 前置 / 後輪駆動	21/5500	3.2/3500

スズキ・フロンテ

スバル 360

マツダ R360クーペ

マツダ・キャロル 360

世界2位の自動車生産国に成長

1967年4月の世界自動車生産の状況を見ると、アメリカも欧州も伸び悩む（ドイツは対前年同期比で21・9％の減）なかで、日本だけが増加している。1月から4月までの累計を見ると、さすがに1位のアメリカが桁違いに多い（310万5858台）が、2位は93万4657台を生産した日本だった。これ以降、3位にドイツ（77万2066台）、4位がフランス（73万2627台）、5位のイギリス（65万7632台）、6位のイタリア（53万7356台）と続き、1967年に日本は西ドイツを抜いて世界第2位の自動車生産国に成長した。上向く景気の中で日本の自動車市場も拡大を続けていた。

1967年4月の世界自動車生産（台数）	
アメリカ	310万5858
日本	93万4657
ドイツ	77万2066
フランス	73万2627
イギリス	65万7632
イタリア	53万7356

進むインフラ整備

道路の整備も進み、1963年7月の一部開通に続き1964年には名神高速道路が開通し、1965年12月には神奈川県横浜と東京都（16・6㎞）を結ぶ第三京浜道路が開通、これは上下6車線、片側3車線の自動車専用道路としては日本初

左ページ：名神高速は、1963年7月16日の栗東IC-尼崎IC間の部分開通に続き、1965年7月1日に小牧IC-一宮IC間が完成し、全線が開通した。全面開通後には、トヨタのコロナが、高速耐久性能をアピールするため、小牧-西宮を使って、〝10万キロ往復耐久テスト〟を実施した（58日間で276往復走行）。

（西日本高速道路）

のものであった。また、1969年には東名高速道路も開通し、ハイウェー網が日本も整備されていった。話は前後するが、名神開通と同じ1963年の5月には鈴鹿サーキットで第一回日本グランプリレースが開催され、モータースポーツが人々の注目を集めるイベントとして根を下ろしはじめた。

1960年代後半には自動車が広く普及するようになり、〝マイカー〟と呼ばれる小型大衆乗用車と、商用車の需要が増し、自動車が身近な存在になっていった。こうした環境のなかで、とりわけ大きな購買層となったのが、第二次大戦後のベビーブーム期に生まれた世代である。その親の代には自己所有など考えもしなかった贅沢

©NEXCO 中日本

品の自家用車に手が届くようになり、彼・彼女らは確固たる自らの嗜好を持って、クルマを選んだのである。
　こうして若者たちが自らのエネルギーを発散する手段として、クルマに乗り、楽しむ社会の背景が揃っていったのである。

1963年5月には、その前年に完成した鈴鹿サーキットで第1回日本グランプリレースが開催され、日本のメーカーも初めてのサーキットレースを経験した。（富士重工業）

第8章　降りかかった欠陥車騒動

　軽自動車市場に大きな変革をもたらしたＮ３６０であったが、その快進撃の足をすくうような試練に巻き込まれることになる。世界規模で巻き起こり、日本の自動車産業をも揺さぶった欠陥車騒動である。また、第四次中東戦争が引き金となる石油危機によって、軽自動車に限らず高性能車にとっての受難の時代が、目前に迫っていた。Ｎ３６０を語るうえで避けて通ることができないのが、この欠陥車問題である。

アメリカから飛んできた火の粉

「構造上など製品として問題があるクルマをメーカーが販売した」という、いわゆる欠陥車問題に世界が震撼した。この発端となったのが、アメリカの弁護士であり社会運動家であったラルフ・ネーダーが、リアエンジン車のシボレー・コルヴェアの操縦性が危険であるとして、欠陥車だとして糾弾したことであった。
　欠陥車問題が日本に波及したのは１９６９年5月12日の『ニューヨークタイムズ』紙の報道であった。「日本を含めた外国メーカーのうち、半数は（欠陥を）公表していない。これらの回収率は、他の公表しているメーカーの回収率より低い」と報じたのであった。ここで日本のメーカーとして、当時やり玉に上がったのは、アメリカで販売台数が多かったトヨタと日産であり、この記事をきっかけに日本のマスコミでも欠陥車が取り上げられるようになった。

東京地検特捜部は、運輸省交通安全公害研究所と東京大学生産技術研究所に依頼しＮ３６０が欠陥車であるかの検証を実施。運輸省交通安全公害研究所の実験では、様々なコンディションのＮ３６０が日本自動車研究所（ＪＡＲＩ）の谷田部・高速周回路に集められ、０・３Ｇのスラロームを繰り返し行なった。（朝日新聞社）

日本の運輸省（当時）は同年6月に自動車業界に対して欠陥車問題への対応を指示し、欠陥車総合対策（リコールの届出強化）を発表している。

この月にホンダは運輸省にNシリーズ3機種について9項目、約28万台のリコールを届け出ている。この時期に、国内のマスコミによってN360の安全性を疑問視する報道が行なわれた。

いっぽうアメリカではラルフ・ネーダーが、自動車安全センター（Center for Auto - Safety）と名付けた組織を作り、活発な消費者運動を展開し始めていた。この運動は日本にも伝播し、1970年5月には消費者組織の日本自動車ユーザーユニオンが作られ、自動車メーカーへの欠陥車批判を強める動きを見せた。

ユーザーユニオン事件

日本自動車ユーザーユニオンはN360を遡上に上げ、1970年8月18日、N360が関係する交通死亡事故とクルマの欠陥との因果関係を巡り、遺族に代わって本田宗一郎社長を東京地検特捜部へ告訴した。東京地検特捜部は、その因果関係についての鑑定を運輸省交通安全公害研究所と東京大学生産技術研究所に依頼し、1971年7月に鑑定結果が提出された。その内容は、捜査上の証拠として公表されなかったが、報道によれば事故と車体の欠陥性との因果関係を強く結び付けるものはないとされた。

そのごく一部を知ることができる証言を、本書の取材で得ることができた。運輸省交通安全公害研究所の実験には、レーシングドライバーの津々見友彦氏も同省からの要請によって参加していたことが分かった。津々見氏によれば、様々なコンディションのN360が日本自動車研究所（JARI）の谷田部・高速周回路に集められ、津々見氏と技官が同乗

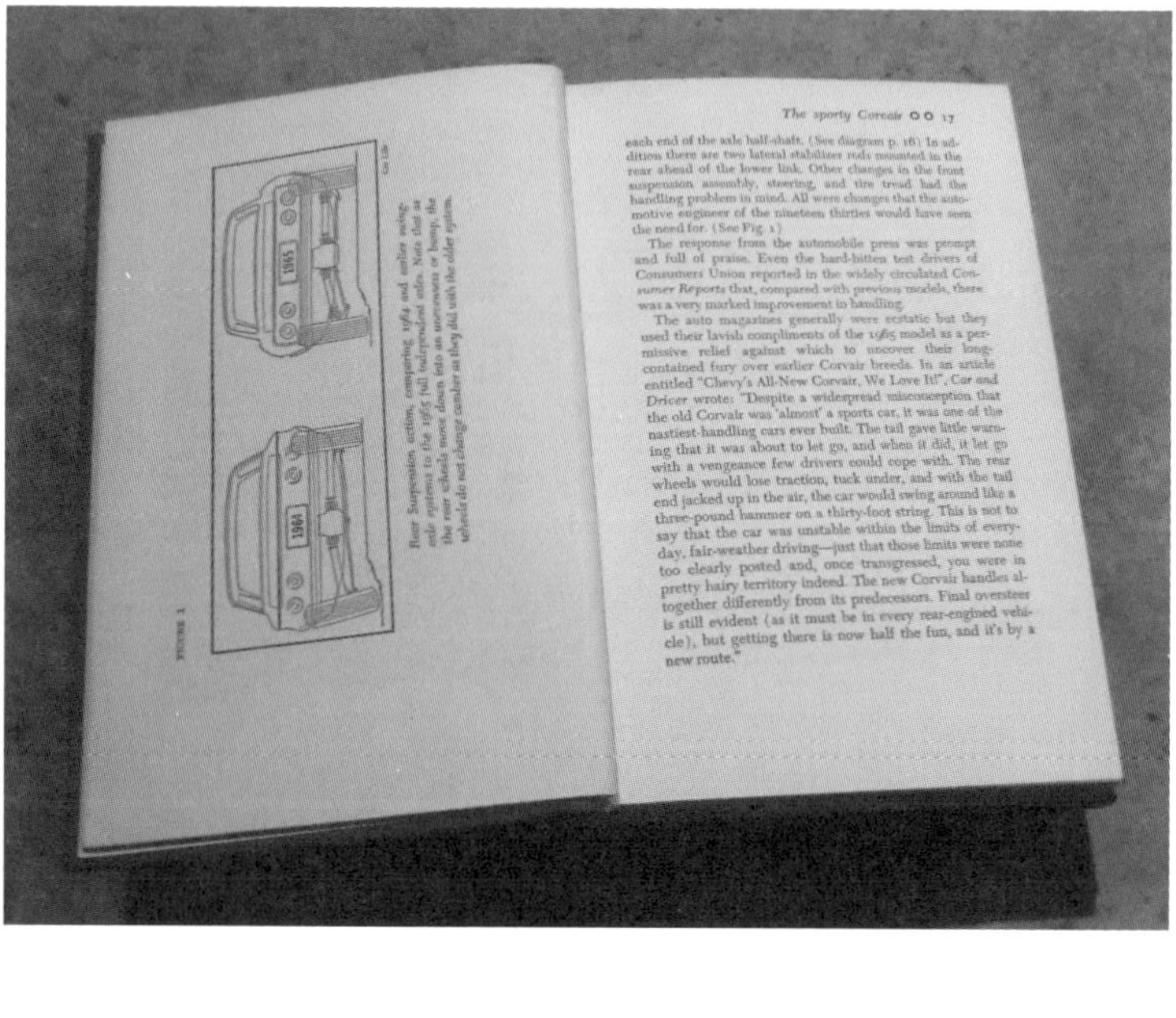

アメリカの弁護士で社会運動家のラルフ・ネーダーが著した『Unsafe at Any Speed: The Designed-In Dangers of the American Automobile』（邦題：『どんなスピードでも自動車は危険だ』１９６９年ダイヤモンド社刊）により欠陥車問題が注目されるようになった。

して0・3Gのスラローム走行(蛇行運転)を繰り返し行なったが、このテストではN360の欠陥を示す事実は認められなかったという。

結果は不起訴処分であった。しかし、その後もN360に対する欠陥車問題は収まることはなく、消費者団体のもとで尾を引くことになった。ユーザーユニオンはN360が関わる事故を取り上げて激しく糾弾していたが、その行き過ぎた行動はメーカーを相手取った恐喝行為にまで発展した。ホンダは東京地検特捜部に、消費者組織の代表者2名を告訴した。捜査によって、消費者組織がホンダを含めた数社の自動車会社に対して恐

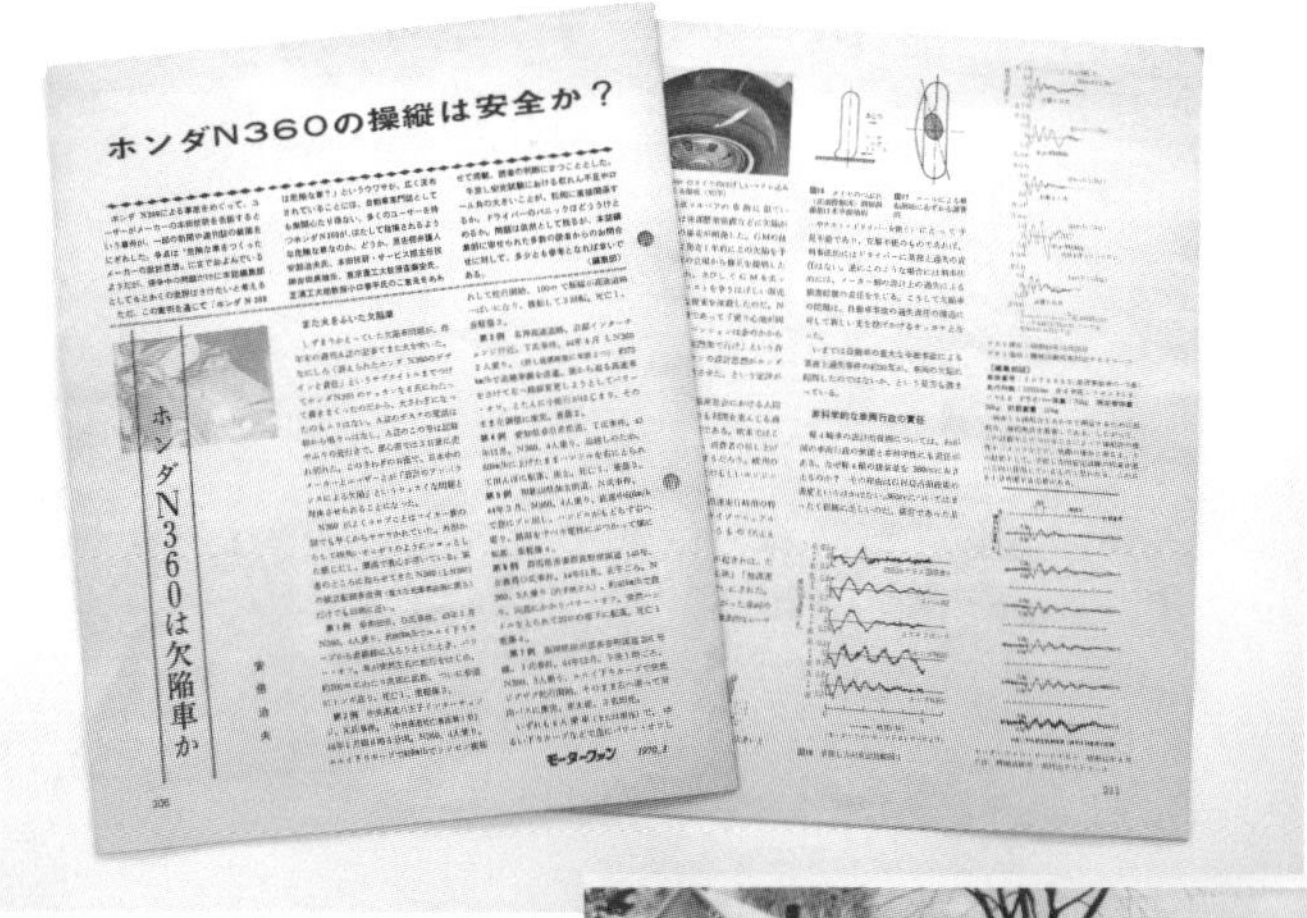
ホンダN360の操縦は安全か？

ホンダN360は欠陥車か

モーターファン

三栄書房刊の『モーターファン』誌では1970年3月号で、「ホンダN360は欠陥車か」と題した検証記事を掲載した。

ネーダーが危険なクルマとして糾弾したのは、リアエンジン車のシボレー・コルヴェアだった。(GM)

喝行為を行なっていた容疑で代表者2名が逮捕された。裁判によって17年後の1987年1月にユーザーユニオン側の有罪が確定した。

Nからライフへ

欠陥車でなかったことが明らかになったものの、N360が受けたダメージは大きく、その販売台数は急速に低下することになった。

こうして一世を風靡したホンダN360の時代は幕を閉じた。安全ばかりでなく、国際的に環境問題への関心が高まるなか、N360の後継車となった新しい軽自動車の〝ライフ〟は、バランスシャフトを備えた水冷の2気筒エンジンを持ち、N360に比べて遙かに静粛で振動も少なく、クルマ自体も確実に洗練されていた。日本の軽自動車はここで大きく成長した。

ライフへとバトンタッチすることになるNⅢ。(ホンダ技研工業)

N360の市場を受け継いで登場したホンダ・ライフは、静粛な水冷2気筒エンジンを搭載し、4ドアモデルも用意された。軽自動車が新しい時代に進んだことを感じさせるモデルだった。下：N360に比べてだいぶ洗練された室内。（本田技研工業）

ライフのカタログから（本田技研工業）

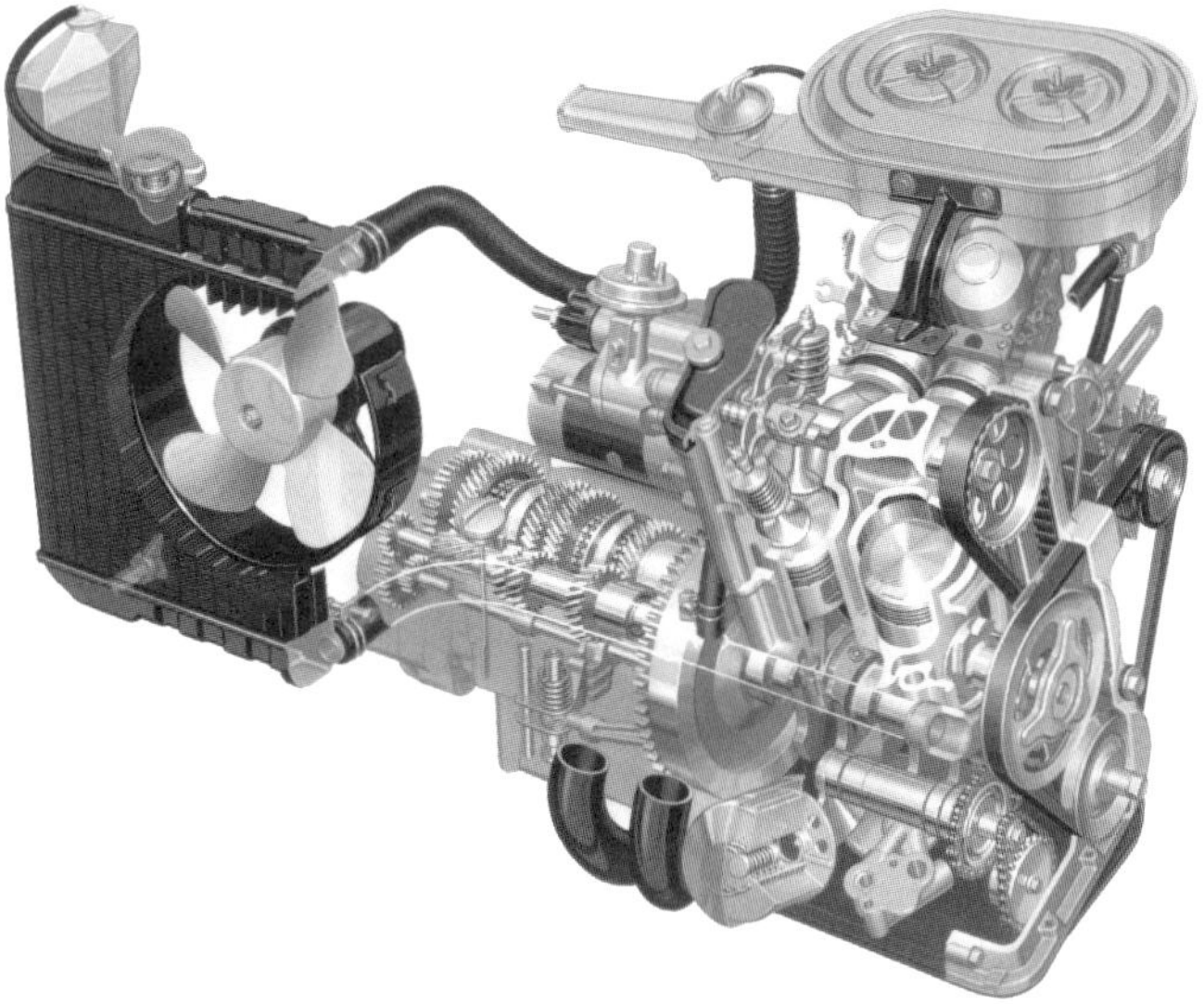

ライフのパワートレーン。360cc2気筒エンジンは新開発のベルト駆動水冷となり、バランスシャフトを備えたことで、N360シリーズとは比較にならぬほど静粛でスムーズになった。レイアウトも変わり、エンジンとギアボックスを一直線に配置する、いわゆるジアコーサ方式になった。通常のジアコーサ方式ではエンジンを右側に配置するが、右ハンドル仕様だけのライフでは、足元のスペースを広く取るため、エンジンの回転を逆にして、エンジンを左側に配置した。(本田技研工業)

第9章　〝マイカー時代〟と〝クルマ離れ〟時代

ホンダと若者の共鳴

１９６０年代に巻き起こった〝マイカー時代〟という日本で初めての大規模な自動車ブームのさなかにＮ３６０は発売された。それを購入した若い人たちを中心として、それまでの日本には例がなかった活発で若々しい自動車文化が生まれた。

〝マイカー時代〟は日本の自動車の揺籃期であり、ここに向けて、自動車を持ちたいと望んでいる一般の勤労者の嗜好を研究し、日本中のあらゆるメーカーが小型の大衆車を品揃えした。

トヨタが１９６６年の東京モーターショーで初公開し、同年11月に発売したカローラ１１００はその代表格だ。トヨタはそれ以前に、マイカー時代の幕開けを見据えて、パブリカを投入しているが、カローラはその経験から学んだマイカー購買層の顧客心理を研究し、品質や装備品、高速道路時代の到来を見据えた性能など、顧客の多岐にわたる要求を満たすことで大成功を収めた。一足先に発売された日産のダットサン・サニー１０００も優れた大衆車であったが、カローラほど入念な顧客の心理研究は成されていなかった。

私見ではあるが、カローラ１１００は日本車の歩みの中で、自動車を買おうとする個人顧客の心理を詳細に研究した最初の例のひとつであり、カローラ１１００

の発売以降、日本車の開発方針は大きく変化したといえよう。

これに対して、二輪車生産では世界を席巻するものの、四輪車においてはずぶの素人同然であったホンダは本田社長の強いリーダーシップのもとで動いた。おそらく市場調査など行なうことなく、四輪車を造りたいと駆り立てられるようにS500やS600、T360を投入したが、スポーツモデルは販売台数も限られ、トラックのT360だけが〝商売になるクルマ〟であった。

〝さらに商売になるクルマ〟はN360が最初だが、それも入念な市場調査など行なわれなかったに違いない。本田社長が理想とする小型大衆車の理想の姿を追った結果であっただろう。私は、こうした情熱に裏付けされたホンダという企業の初々しさに共感した人々が、〝初めてのクルマ〟を持とうと真っ先にN360に飛びついたのだと考えている。

1962年のモーターショーで目にした真っ赤なS360に憧れたファミリーマンも少なくなかっただろうし、ホンダの二輪車を卒業した二十歳前後の若い人の姿もあっただろう。作る側も買う側も、ともに初めての若々しい経験であったのだ。

そして期待に胸を膨らませてN360を手に入れ、マイカーのある生活を心から楽しみ、ささやかな改造を施すなど、自動車を楽しむという文化が広まっていった。

クルマ好きが生まれた時代

　これまでもクルマを求めていた人々の存在はあった。たとえば、1950年代半ばに自分のクルマを持とうと行動した方々に話を聞くと、何でもよいから、クルマを持つこと自体が到達目標であったという。夢のクルマはあったが、限られた予算の中で手に入るものなら、車種やコンディションなどは問わず、持つことだけに努力を集中させた。それがひどく古い年式であったり、営業車として酷使されたものであっても厭わなかったし、自分で修理をすれば、金をかけずにもっとクルマを楽しむ

ことができたから、それもまたよかったという。いかにも物がなかった時代らしいクルマの楽しみ方であり、この時代にクルマを楽しんだ方々は、今も筋金入りのクルマ好きであることが多い。

そうした方々の次の世代、マイカー時代にクルマに近づこうとした世代では、いくつかの候補車の中から自分のクルマへの想いと予算から、ある程度、自由に選択する余裕と選択肢もあった。N360はまさにそんな時代の寵児だった。

その後、オイルショックや公害問題も経験し、安全装備などを充実させながら、日本のクルマは欧米の水準を目標に、性能と機能の洗練を目指してきた。

第三の波は、1989年をピークとする好景気時代（バブル景気）に訪れた。この時代には好景気ゆえに自動車メーカーも理想を追ったものや、大胆な新技術を投入したモデルを投入。〝金余り〟と表された旺盛な市場はこれを受け入れ、さらにその傾向が加速していった。スカイラインGT‐R（R32）、ユーノス・ロードスター、ホンダNSX、レクサスやインフィニティなどもこの時代に開花して、面白いクルマがたくさん登場した。

クルマ離れする若者

これに対して、マイカー時代から数十年を経た現在では、すでにクルマはほぼ各家庭に行き渡り、あまりに日常的な存在になった。バブル経済以降、景気の低

右ページ：1963年東京モーターショウのホンダブース。その前年にS360とS500を展示したホンダは、この年にはいよいよ生産型のS500を公開した。ステージ上のS500を見つめる目のなかには、将来、N360でモータリングを始める人もあったかもしれない。私にもステージ上のS500を見つめた覚えがある。（写真＝日本自動車工業会）

迷が続き、経済・環境問題など社会環境が激変した。自動車を持つことの必然性さえ薄れ、所有することの優先順位が下がっている。買い換え需要の減少に加えて、これが国内でのクルマの販売減に繋がっている。この経済の状況ではクルマという大きな出費は無駄と考えることもめずらしくはなくなった。こうした「必要ない」という人々に、クルマを買おうなどと個人レベルでも誘うことなどできないし、そう訴えたところで、需要が増すとは思えない。

私はこの国の人々がクルマから離れ、国内の自動車産業が空洞化することに強い危機感を覚える。だが、どうもクルマの販売を増やす妙案は浮かばない。ひとつだけあるとすれば、景気がよくなり、若い人に安定した雇用の機会が生まれ、将来に不安を抱くことなくクルマという大きな出費をする気にさせることだろう。

私事になるが、現在の私は、自動車ジャーナリズムの隅っこに身を置きながら、大学非常勤

© 公益社団法人自動車技術会

講師としての生活を送っている。30年近く奉職した自動車関係の出版社を早期退社して転身を図ったのである。

大学では工学部の学生を対象に、クルマの技術開発の歩みや、人の社会生活と文化の関わり合いをテーマとして講義をさせていただいている。こんな私の講義を聴きに来てくれる学生が予想以上に多いことに、たいへん感謝している。

だが、こうした今の自分の姿を社会で自己紹介すると、多くの方は困惑したような表情をされる。頭の中に「〝若者のクルマ離れ〟が激しいのに、大学で自動車の話なんて聞く学生がいるのか？」という言葉が広がっているように見える。さらにその中の何人かは、ご自分の経験を引き合いに出されて、〝今時の若いヤツは……〟と、同感を求めようとされる。あるいは自動車会社に属する方々のなかには、困った顔で、こんな私の意見さえ、なにかの役に立つかもしれないから聞いておきたいという方もある。

〝若者のクルマ離れ〟という言葉が嫌いだが、最近の若い人たちがクルマに興味を失い、所有しなくなった、さらにいえば免許証を取得しなくなったという私には想定できない事態は紛れもない事実だ。

自動車関係の会社に勤める方から聞いた話だが、自動車会社、あるいは自動車関連会社に就職が決まってから免許を取得するという例もあるという（信じたくはないが）。自動車関連でなくとも、就職氷河期の真っ直中で、少しでも不利にならぬようにと資格として運転免許を取得するという、そんな例もあるとも聞いた。

右ページ：若者の自動車離れというが、その言葉をあざ笑うように、自動車技術会が主催する〝学生フォーミュラ〟は年々盛んになっていく。詳細は下記のHPをご覧いただきたいが、自動車技術会が定めた規則にしたがって、フォーミュラカーを設計し製作するという競技会だ。単に優れた性能のクルマを製作するだけではなく、予算計画や、事前に行なわれる商品としてのプレゼンテーション能力も審査対象になることから、総合大学では、工学系だけではなく学部を横断した組織で参加することもある。また、自動車メーカーやサプライヤー各社も積極的に協力し、製作セミナーの開催や、エンジンや部品の供給支援を行なっている。学生にとっては最大の自動車のイベントである。学生フォーミュラを経験した学生諸君が自動車メーカーに就職することもめずらしいことではなくなった。是非とも大会を見学されることをお勧めしたい。（写真＝自動車技術会、学生フォーミュラホームページ http://www.jsae.or.jp/formula/jp/）

かつて運転免許が取得できる誕生日が来るのを、首を長くして待ったという覚えがある私にとっては、大いに考えづらいことなのだが、どうも事実のようだ。

世の若者が変わったことは事実としても、それでもなお、クルマが売れなくなった理由を、すべて〝若者のクルマ離れ〟の一言でかたづけてしまっていることにどうも違和感を感じている。時に責任転嫁して逃げていると思えてならない時もある。

クルマ離れの実体

この私も、あるときまでは、〝若者のクルマ離れ〟という言葉をなんの疑問もなく鵜呑みにしていた。だが、大学で学生諸君と接するようになってから、その言葉が決して的を射ていないと確信するようになった。彼らから、自動車についての考え方、なぜ持たないのか、なぜ持てないのか、などなどの生の声を聞くことができるようになると、主に資金面から、持ちたくても持てないことがよく分かった。

〝アラカン〟といわれる年頃になった私たちがクルマの魅力に酔いしれていた（恩恵に浴していたともいえる）時に比べ、現代の若者は様々な出費が嵩んで、クルマに投じる金額の余裕がなくなったことは

学生諸君に人気の中古車、ユーノス・ロードスター。（マツダ）

よく承知している。それに加えて若い人たちは、必要のないものを手に入れようとは思わないようだ。私たち物欲世代とはそこが大きく異なる。

公共交通機関の選択肢が乏しい地域では、移動手段としてのクルマは必需品だ。その証拠に、車輌価格が安く、維持費が安い軽自動車が地方でよく売れている。こうした人々にとっては、クルマは生活に必要な道具で、そこに趣味性を感ずる人は相対的に少なくなるだろう。

一方、公共機関が発達した都市部に住んでいれば、クルマがなくても快適な生活を送ることが可能だが、クルマを持てば駐車場や保険など、かえって不便を背負い込むことになる。

そうした環境の中にいると、「俺たちが若かったころには、食うものも食わずにガソリンを買ったものさ」とか、「誕生日が来たら、すぐに免許を取ったものだが」、「ケイタイやパソコンにばかり齧り付いて……」などという中年のクルマ好きが発する「今時の若いヤツは」という常套句が、実に空虚なものに思えてくる。

「今時の若いヤツは」と嘆いている貴兄だって、高校や大学でクルマの話ばかりしていた同好の士がクラスにどのくらいいたのかと聞かれれば、返答に窮することだろう。私が高校の時には1クラスの人数は50人弱だったと思うが、いつもクルマの話ばかりをしていたのは、せ

未だに根強いファンがいるホンダ・ビート。新型がデビューするのでは？と期待が寄せられている（本田技研工業）

いぜい男が数人だったと思う。それがバブル時代に、好景気を後ろ盾に増殖したクルマ好きが現われ、景気が悪くなった現在では、それがバブル前の水準に戻ってしまっただけだ。

確かに先輩諸氏のお嘆きはよくわかる。だが、たとえ若者達がクルマを持ちたいと思っても現実的に持てないのだ。手が届かないのかといえばそうでもない。今では、私たちがクルマを持ちたいと考えていた時とは比較にならぬほど、安価で程度のいい中古車が町に溢れており、インターネットのオークションには、ありとあらゆる新旧パーツが唸るほどある。よって、クルマが欲しいと思えば、ちょっとアルバイトをすれば買うことなど造作ないことだ。私の周囲にいる学生諸君に人気がある初代のユーノス・ロードスターなど20万円くらいで充分にいいものが手に入る。

だが、手に入れようと検討を始めたとたんに、任意保険、駐車場、様々な税金などなどの重荷がのしかかり、欲しくとも諦めることになる。

クルマを購入した際に必要な本体価格以外の支出は、私たちがなんとかしてクルマを持とうとしていた時代とは比較にならないほど大きい。それに町中の集合住宅に住んでいたのなら、駐車場の支払いはどうするのか。駐車場の月額が数万円もしては、アルバイト代をつぎ込んで10万円くらいでなんとか買ってきた車検間近の中古車のためには、逆立ちしても支払えない。駐車場代を払ったらガソリンも買えないかもしれぬ。車検の時の保険や諸税、任意保険の支払いはどうするのか。

私がこの子の親だったとしても、息子や娘のクルマのためにウン万円の駐車代なんて支払う余裕はない。

だいたい、親世代のクルマ離れも無視できない数字になっているのだ。

これだけの大きな出費と引き替えにするほど、自分でクルマを持つことが魅力的でなくなったのである。クルマ以外のすべてを捨ててまで持とうと思うのは、相当のクルマ好きだけになっているのは仕方がない。なくても楽しめるし、どうしてもクルマが必要なときには、カーシェアリングやレンタカーという方法を選べば遙かに合理的だ。私たちが彼らの年齢だったころより、レンタカーの質も管理も向上し、安価になったし、まっさらなニューモデルにも乗ることも可能だ。

このように持たずにすむ環境がむしろ整えられている現状を見ると、ひとまず発想を転換して、個人に持たせようとすることでなく、こうした〝公共のクルマ〟のバリエーションを増やすことで、ユーザー予備軍にクルマに触れる機会を増やすのはどうだろうか。とにかく観て、触れて、興味をもって欲しい。買うのはその先の話だ。

魅力はどこへ

さらに根本的な要因として、彼らは自分で稼げるようになったとしても、生活を節約してまで買いたいと思うほどの覚悟を抱かせる新車はあまり存在しないともいう。若い学生と車座になって話をしても、彼らが本当に欲しいというクルマは、何世代か前の中古車ばかりだ。なにも価格が安いからではない。今のクルマには、大枚を支払ってまで買おうという気にさせる魅力がないのだという。最近、発売されたスポーツカーの名を上げても、興味はあっても、安価な中古車になるまでは選択肢には入らないようだ（対費用効果という冷静な判断だろう）。

いくら自動車会社が若者の自動車離れを防ごうとキャラクターを使ったキャンペーンを行ない、若い人たちに乗ってほしいクルマを造りましたと訴えても、彼らは白けた目で遠巻きに見ているだけだ。「見当違いの販売ごっこをしているだけ」と思っている節もある。

当然のことながら、クルマに少しでも興味がある人が買いたいと思う魅力的なモデルの出現と、それを楽しみたいという環境作りが必至だ。近年は機構的に優れたクルマが数多く出現しているが、それがあまりヒットしないというのは、ユーザー予備軍に対して、ほかの出費を削ってでも欲

左ページ：2013年のホンダ・モータースポーツ参戦計画発表会の会場に展示されていたN・ONEのワンメイクレース仕様車。まだ詳細については未発表だったが、こうしたモデルを使って、若い人も手軽に参戦できるイベントがあったらいいと思う。全国の大学や専門学校の学生による選手権、U22（22歳以下）などがあってもいいかもしれない。また、オーバー50（50歳以上）などもいかがだろうか。（本田技研工業）

しいと思わせる魅力が希薄であるからだ。また、顧客に対して、それを手に入れることで広がるであろう、自分の未来の楽しい姿をイメージさせることができていないともいえる。

クルマの魅力を知っている大人たち

私たち、クルマのある生活を謳歌した中年にできることもある。クルマと濃密に接していた時代を回想して、周囲の若者にクルマとのスマートな関係をデモンストレーションすることだ。見せびらかすよう派手ではなく、格好良くだ。

Ｎ３６０の時代にモータリングの楽しさを知った貴方こそ、セダンのリアシートに座らないで、自らスポーツカーのステアリングを握って町に出ようではないか。また、自動車メーカーで高い地位に就かれている貴兄も、自分の心がときめくようなクルマを今すぐ企画しようではないか。理詰めとマーケティングに頼りきってしまった結果、世界中のクルマが皆、〝お利口で〟似たようになった今こそ、そこから抜け出す楽しく賢いクルマを造ろうではないか。HV、EV、ディーゼルを問わない。面白いクルマを用意すれば、少しはクル

マ離れを鈍化させることはできる。そう甘いものでないことは百も承知だが、なにもしないよりはいい。若かったころに感じたクルマの楽しさをもう一度、思いだして若いスタッフを鼓舞しようではないか。それが中年自動車人こそができる公私ともに世話になったクルマへの恩返しであり、社会貢献であるのだ。

本書は若い人たちがクルマと濃密な時を過ごした時代、〝若者がクルマに吸い寄せられていた時期〟を、象徴的なホンダＮ３６０を例として記したものだ。温故知新というではないか。〝クルマ離れ〟を嘆く自動車人がもう一度、かつての若い人とクルマとの生活を考え、〝若者のクルマ離れ〟少しでも鈍化させる妙案を、一緒に考えようではないか。

参考文献

『ホンダ50年社史（Ｗｅｂ版）　語り継ぎたいこと　チャレンジの50年』本田技研工業
『改訂版自動車クロニクル』自動車文化検定委員会編著　二玄社刊
「疾走する日本車――１９６０年代を主軸とする日本車の軌跡」
企画展図録　美術館連絡協議会
『日本のショーカー1　１９５４〜１９６９年』二玄社刊
『ホンダＮ３６０ストーリー』吉田匠他共著　三樹書房刊

モーターファン　三栄書房
オートスポーツ　三栄書房
ＣＧ　二玄社
一般社団法人 日本自動車工業会ホームページ
社団法人　全国軽自動車協会連合会ホームページ

あとがき

雑誌の記事はいくら長くても書けるくせに、単行本の執筆は私にとっては難行苦行だった。これほど苦しい原稿書きは30年間の経験で初めてだ。この企画の言い出しっぺであり、長く世話になった二玄社から依頼を戴いた以上、引くわけにはいかないと何度も肝に銘じて、なんとか、ここまでたどり着いた。

内容にはまだ悔いも残るし、賢明な読者諸氏には物足りなかったかもしれないが、私にはこれが限界でもある。

なんだ、普段は雑誌で偉そうな記事を書いているのに意気地のないヤツだと思われたのなら、ハイそうですと頭を垂れる。

だが、何度も繰り返すが、私は国内のクルマ離れに大きな危機感を覚え、微力ながら、何か行動を取りたいと考え、大それたことと思いながらも本書を記すことを決心した。

脱稿まで絶え間なく力づけてくれた二玄社の崎山知佳子さん、ブックデザインを担当してくれた町田典之さんにはいくら感謝しても足りないと思っている。昔の仲間でなかったら、私の原稿の遅さに企画はきっとボツにされていたことであろうと思う。

また、私の周囲で叱咤激励してくださった、ホンダOBやクルマ仲間の、多くの理解者の方々にも深く感謝している。
浅学な私の認識違いや記憶違いからの間違いがあれば、深くお詫びします。

２０１３年１月、学生諸君が集う大学の内燃研究室にて。

	NIII ツーリング・カスタム（1970年 1月）	オートマチック（1970年 3月）	Z・ACT（1970年 10月）	Z・GS（1970年 10月）	Z・ゴールデンシリーズ・カスタム（1972年 1月）	N600E（1968年 8月）	ライフ 4ドアカスタム（1971年 5月）
	空冷並列 2気筒 OHC	空冷並列 2気筒 OHC	空冷並列 2気筒 OHC	空冷並列 2気筒 OHC	水冷並列 2気筒 OHC	空冷並列 2気筒 OHC	水冷 2気筒 OHC
	354	354	354	354	356	598	354
	62.5× 57.8	62.5× 57.8	62.5× 57.8	62.5× 57.8	67.0× 50.6	74.0× 69.6	67.0× 50.6
	9.0：1		8.5：1	9.0：1	9.0：1	8.5：1	8.8：1
	横向可変ベンチュリー型× 2	横向可変ベンチュリー型× 1	CV 型 1個	CV 型× 2	ダウンドラフト 2バレル型× 1	横向可変ベンチュリー型× 1	ダウンドラフト 2バレル型× 1
	36/9,000	30/8,500	31/8500	36/9000	31/8500	43/6600	30/8000
	3.2/7,000	3.0/5,500	3.0/5500	3.2/7000	3.0/6500	5.2/5000	2.9/6000
	120	105	115	120	——	130km/h	——
	28(60km/h 時)	25(60km/h)	28（60km/h 時）	28（60km/h 時）	28（60km/h 時）	25（44km/h 時）	28
	4.4	4.4	4.4	4.4	4.4	4.4m	4.4
	2.995	2995	2995	2995	1995	3100	2995
	1295	1295	1295	1295	1295	1295	1295
	1340	1340	1275	1275	1275	1330	1340
	2000		2000	2000	2080	2000	2080
	前 1140/ 後 1105		前 1140/ 後 1115	前 1140/ 後 1115	前 1130/ 後 1115	前 1150/ 後 1105	前 1130/ 後 1110
	170		170	170	160	160	165
	545		510	525	510	545	520
	4		4	4	4	4	4
	26		26	26	26	26	26
	12		12（初速 50km/h 時）	13（初速 50km/h 時）	13.0（50km/h 時）	12.0	13.0
	乾燥単板式ダイヤフラム	乾燥単板式ダイヤフラム	乾燥単板式ダイヤフラム	乾燥単板式ダイヤフラム	乾燥単板式ダイヤフラム	乾燥単板式ダイヤフラム	乾燥単板式ダイヤフラム
	前進 4段フルシンクロ、後退 1段	3段フルオートマチック	前進 4段フルシンクロ、後退 1段	前進 5段コンスタントメッシュ、後退 1段	前進 4段フルシンクロ、後退 1段	前進 4段フルシンクロ、後退 1段	前進 4段フルシンクロ、後退 1段
	2.470		2.470	2.678	4.700	2.529	4.700
	1.565		1.565	1.809	2.846	1.565	2.846
	1.000		1.000	1.222	1.833	1.000	1.833
	0.648		0.648	0.870	1.272	0.714	1.272
	——	——	——	0.648	——	——	——
	2.437		2.437	2.437	4.847	2.437	4.847
	——	——	一次減速 2.118/ 二次減速 3.739	3.541	5.429	一次減速 2.500/ 二次減速 3.037	5.429
	ラックピニオン式	ラック・ピニオン	ラック・ピニオン	ラック・ピニオン	ラック・ピニオン	ラック・ピニオン	ラック・ピニオン
	5.20-10-4PR ／ 5.20-10-4PR	5.20-10-4PR	5.20-10-4PR	145 SR 10 ラジアル	5.20-10-4PR	5.20-10-4PR	5.20-10-4PR
	リーディングトレーリング油圧式 4輪制動	リーディングトレーリング油圧式 4輪制動	リーディングトレーリング油圧式 4輪制動	ディスク、サーボ／リーディングトレーリング油圧式	リーディングトレーリング油圧式 4輪制動	前：2リーディング／後：リーディングトレーリング油圧式 4輪制動	リーディングトレーリング油圧式 4輪制動
	独立　マクファーソン・ストラット、コイル、ダンパー	独立　マクファーソン・ストラット、コイル、ダンパー	独立　マクファーソン・ストラット、コイル、ダンパー	独立　マクファーソン・ストラット、コイル、ダンパー	独立　マクファーソン・ストラット、コイル、ダンパー	独立　マクファーソン・ストラット、コイル、ダンパー	独立　マクファーソン・ストラット、コイル、ダンパー
	固定　半楕円リーフ、ダンパー	固定　半楕円リーフ、ダンパー	固定　半楕円リーフ、ダンパー	固定　半楕円リーフ、ダンパー	固定　半楕円リーフ、ダンパー	固定　半楕円リーフ、ダンパー	固定　半楕円リーフ、ダンパー

N360 主要諸元

	N360（1967年3月）	AT（68年4月）	Tシリーズ（T, TS, TM, TG）（68年10月）	N360T（69年1月）	N360AT デラックス（1969年1月）	NIII カスタム（1970年1月）
エンジン	空冷並列2気筒 OHC	空冷並列2気筒 OHC	空冷並列2気筒 OHC	空冷並列2気筒 OHC	空冷並列2気筒 OHC	空冷並列2気筒 OHC
総排気量（cc）	354	354	354	354	354	354
ボア×ストローク（mm）	62.5×57.8	62.5×57.8	62.5×57.8	62.5×57.8	62.5×57.8	62.5×57.8
圧縮比	8.5：1	8.5：1	9.0：1	9.0：1	8.5：1	8.5：1
気化器型式と数	横向可変ベンチュリー型×1	横向可変ベンチュリー型×1	横向可変ベンチュリー型×2	横向可変ベンチュリー型×2	横向可変ベンチュリー型×1	横向可変ベンチュリー型×1
最高出力（PS/rpm）	31/8,500	31/8,500	36/9,000	36/9,000	31/8,500	31/5,500
最大トルク（kgm/rpm）	3.0/5,500	3.0/5,500	3.2/7,000	3.2/7,000	3.0/5,500	3.0/5,500
最高速度（km/h）	115	115	115	120	110	115
燃費（km/L）平坦地	28（40km/h時）	28（40km/h時）	28（43km/h時）	28（44km/h時）	25（44km/h時）	28(60km/h時)
最小回転半径（m）	4.4	4.4	4.4	4.4	4.4	4.4
全長（mm）	2995	2995	2995	2995	2995	2995
全幅（mm）	1295	1295	1295	1295	1295	1295
全高（mm）	1345	1345	134	1340	1340	1340
軸距（mm）	2000	2000	2000	2000	2000	2000
輪距（mm）	前1125/後1100	前1125/後1100	——	前1140/後1105	前1140/後1105	前1140/後1105
最低地上高（mm）	185	185	170	170	170	170
車両重量（kg）	475	475	500(TS.TM), 520(TG),495(T)	540	560	535
乗車定員（名）	4	4	——	4	4	4
燃料タンク容量（L）	26	26	26	26	26	26
制動停止距離（m）初速50km/h時	12	12	12	12	12	12
クラッチ形式	乾式単板式ダイヤフラム	乾燥単板式 ダイヤフラム	乾燥単板式 ダイヤフラム	乾燥単板式ダイヤフラム	乾燥単板式ダイヤフラム	乾燥単板式ダイヤフラム
変速機形式	常時噛合式 前進4段、後進1段	自動変速 前進3段、後進1段	常時噛合式 前進4段、後進1段	前進4段、後退1段 常時噛合式	自動変速 前進3段 後退1段	前進4段フルシンクロ、後退1段
変速比						
1速	2.529	2.529	2.529	2.529	2.556	2.470
2速	1.565	1.565	1.565	1.565	1.444	1.565
3速	1.000	1.000	1.000	1.000	0.861	1.000
4速	0.605	0.605	0.648	0.649	0.649	0.648
5速	——	——	——	——	——	——
後退	2.055	2.055	2.437	2.437	3.857	2.437
減速比	一次減速2.812/二次減速3.739	一次減速2.812/二次減速3.739	一次減速2.812/二次減速3.541	一次減速2.812/二次減速3.541	一次減速2.118/二次減速3.542	——
カジ取り形式	ラックピニオン式	ラックピニオン式	ラックピニオン式	ラックピニオン式	ラックピニオン式	ラックピニオン式
タイヤサイズ（前／後）	5.20-10-2PR	5.20-10-2PR	5.20-10-4PR	5.20-10-4PR	5.20-10-2PR ／ 5.20-10-2PR	5.20-10-4PR
主ブレーキの種類型式	リーディングトレーリング 油圧式四輪制動	リーディングトレーリング 油圧式四輪制動	リーディングトレーリング 油圧式四輪制動	リーディングトレーリング油圧式4輪制動	リーディングトレーリング油圧式4輪制動	リーディングトレーリング油圧式4輪制動
サスペンション前	独立 マクファーソン・ストラット、コイル、ダンパー	独立 マクファーソン・ストラット、コイル、ダンパー	独立 マクファーソン・ストラット、コイル、ダンパー	独立 マクファーソン・ストラット、コイル、ダンパー	独立 マクファーソン・ストラット、コイル、ダンパー	独立 マクファーソン・ストラット、コイル、ダンパー
サスペンション後	固定 半楕円リーフ、ダンパー	固定 半楕円リーフ、ダンパー	固定 半楕円リーフ、ダンパー	固定 半楕円リーフ、ダンパー	固定 半楕円リーフ、ダンパー	固定 半楕円リーフ、ダンパー

著者略歴

伊東和彦（いとう・かずひこ）

1953年、神奈川県横浜市生まれ。
自動車雑誌編集部を経て独立。Mobi-curators Labo. 主宰、関東学院大学工学部非常勤講師ほか、自動車についての執筆・編集・講演、独立系学芸員として企業博物館施設等のキュレーターを行なう。日本自動車技術会会員。

ホンダN《えぬ》360
クルマが楽《たの》しかったあの頃《ころ》

初版発行　2013年4月10日

著　　者　伊東和彦（いとう・かずひこ）
発 行 者　渡邊隆男
発 行 所　株式会社　二玄社
〒113-0021　東京都文京区本駒込6-2-1
電話　03-5395-0511
http://www.nigensha.co.jp/
装　　丁　町田典之
印　　刷　中央精版印刷株式会社

ISBN978-4-544-40061-8

二玄社の自動車書籍

HONDA 明日への挑戦
ASIMOから小型ジェット機まで

瀬尾 央／道田宣和／生方 聡 共著

「ホンダイズム」の源がここに！ ホンダの企業理念と研究開発に携わる人々の情熱を浮き彫りにする。

四六判 200ページ ●1600円
ISBN978-4-544-40054-0

ホンダF1設計者の現場
スピードを追い求めた30年

田口英治 著

60年代の第一期末からセナ／プロスト時代まで、長くホンダF1にかかわった著者が現場の目線で彼らの姿を綴る。

四六判 216ページ ●1600円
ISBN978-4-544-40035-9

名車を創った男たち
プロジェクト・リーダーの流儀

大川 悠／道田宣和／生方 聡 共著

プロジェクト・リーダーに必要とされる資質と人を惹きつける能力、そして成功への秘訣を解き明かす。

四六判 188ページ ●1600円
ISBN978-4-544-40051-9

クルマニホン人
日本車の明るい進化論

松本英雄 著

過去を学び、現在を検証し、じっくりあらためてみれば、日本車にはこんなに優れた点があったのだ！

四六判 128ページ ●1000円
ISBN978-4-544-40052-6

間違いじゃなかったクルマ選び

徳大寺有恒 著

クラウン、スカイラインGT-R、S500、コスモスポーツ……。巨匠が日本車の青春時代を振り返る！

四六判 192ページ ●1400円
ISBN978-4-544-40040-3

＊価格はすべて本体表示　2013年4月現在